山药加工综合利用技术

朱运平　著

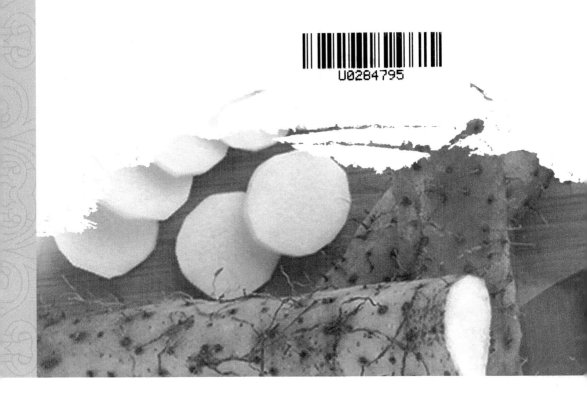

中国农业科学技术出版社

图书在版编目（CIP）数据

山药加工综合利用技术／朱运平著．—北京：中国农业科学
技术出版社，2018.8
　ISBN 978-7-5116-3754-3

　Ⅰ.①山…　Ⅱ.①朱…　Ⅲ.①山药-果蔬加工　Ⅳ.①TS255.3

中国版本图书馆 CIP 数据核字（2018）第 168763 号

责任编辑　崔改泵
责任校对　马广洋

出 版 者　中国农业科学技术出版社
　　　　　北京市中关村南大街 12 号　邮编：100081
电　　话　(010)82109194(编辑室)　　(010)82109702(发行部)
　　　　　(010)82109709(读者服务部)
传　　真　(010)82106650
网　　址　http://www.castp.cn
经 销 者　各地新华书店
印 刷 者　北京建宏印刷有限公司
开　　本　710mm×1 000mm　1/16
印　　张　13
字　　数　232 千字
版　　次　2018 年 8 月第 1 版　2018 年 8 月第 1 次印刷
定　　价　60.00 元

前　　言

　　山药，别名怀山药、山薯、山药薯等，在我国已经有 3 000 多年的历史。山药是常见的药食同源植物，含有多种营养成分，包括蛋白质、维生素、脂肪、微量元素等，含有的多糖、尿囊素、皂苷、胆碱等多种活性成分具有降血糖及抗衰老、调节肠胃功能、提高免疫功能、抗肿瘤等多种保健功能。目前，随着人们对生活质量要求的提高，山药以更加多样的方式更加普遍地进入了人们的生活中，所以山药的加工技术及方式变得更加多元。

　　为满足广大从事相关技术研究人员及实际生产人员的需求，我们编写了这本《山药加工综合利用技术》。系统介绍了有关山药淀粉、山药非淀粉多糖、山药蛋白、山药其他功能性成分相关加工技术及山药制品加工技术。本书在编写过程中参考了国内外大量的研究资料，并对我们研究团队在山药加工方面多年开展的研究工作及已发表的研究论文进行总结，得到系列具有原创性的技术成果和结论。为了增加本书的实用性，在介绍具体内容时运用了大量的图、表进行说明，同时穿插了最基本的理论和知识。

　　本书适宜作为有关食品专业大专院校师生的参考书，也可以作为山药加工的技术资料供相关的研究人员和技术人员参考。

　　鉴于作者水平有限，书中难免存在不足和错误之处，恳请广大同行及读者提出宝贵意见和建议。

朱运平

2018 年 7 月于北京工商大学

目　　录

第一章 概 论

第一节 山药资源概况

山药（英文名：Common Yam Rhizome，Rhizome of Common Yam，Chinese Yam）又名薯蓣、土薯、山薯、诸署、署豫、玉延、修脆、几草等。属于薯蓣科草本植物的地下根茎，具有调节脾胃、降低血糖、养气健体的功效，是卫生部公布的药食两用的植物之一，是我国使用多年的重要的传统中药材，并且是我国当前保健食品中的重要原材料之一，山药的营养及药用价值已逐渐得到人们的认同。我国食用山药的历史源远流长，山药具有极高的可食用性及营养价值，在我国，很早就开始种植山药、食用山药，山药一直是最普遍的食物以及中药材之一，夏商时期即逐渐开始种植，自明清以来形成道地药材，在"山海经""本草衍义""图经本草""新修本草""本草纲目""齐民要术"等本草典籍中均有记载，我国著名的诗人陈达叟在其《玉廷赞》一诗中有这样一段话："山有灵药，绿如仙方，削数片玉，清白花香。"指的就是冬令佳品——山药。

山药为薯蓣科植物薯蓣（*Dioscorea opposita* Thunb.）的干燥根茎（图 1-1）。其外形略呈圆柱形，弯曲而稍扁，长 15~30cm，直径 1.5~6cm。表面黄白色或淡黄色，有纵沟、纵皱纹及须根痕，偶有浅棕色外皮残留。体重，质坚实，不易折断，断面白色，粉性。气微，味淡、微酸，嚼之发黏。光山药呈圆柱形，两端平齐，长 9~18cm，直径 1.5~3cm。表面光滑，白色或黄白色。土炒山药，表面土红色，粘有土粉，略具焦香气。麸炒山药，表面黄色，偶有焦斑，略具焦香气。

山药味甘，性平，归脾、胃、肾经，具有补脾养胃、生津益肺、补肾涩精的功效，用于脾虚食少，久泻不止，肺虚喘咳，肾虚遗精，带下，尿频，虚热消渴等。土炒山药以补脾止泻为主，用于脾虚久泻，或大便泄泻。麸炒山药以补脾健胃为主。用于脾虚食少，泄泻便溏，白带过多。

图1-1　山药成品

山药因其营养丰富，自古以来就被视为物美价廉的补虚佳品，既可作主粮，又可作蔬菜，还可以制成糖葫芦之类的小吃。栽种者称家山药，野生者称野山药；中药材称淮山、淮山药、怀山药等。山药主产河南，此外，湖南、湖北、山西、云南、河北、陕西、江苏、浙江、江西、贵州、四川等地亦产，一般以河南博爱，沁阳、武陟、温县等地（古怀庆所属）所产质量最佳，习称"怀山药"。中国栽培的山药主要有普通的山药和田薯两大类。普通的山药块茎较小，其中以四川等地的"脚板薯"，河南温县的怀山药，江汉南城淮山药最为有名。

第二节　山药起源与分布

薯蓣科植物的种类非常多，共有5属570种，广泛分布在热带、亚热带地区。在我国只有1属就是薯蓣属，所含种类约80种，而其中大约有37种是属于药用的。山药是薯蓣科植物薯蓣的块茎，属多年生缠绕草本植物，原产地是在中国，广泛分布于华北、华中、东南、西南等地区，其中以广西壮族自治区（以下称广西）、河北、河南等地为主的几大产地构成了国内主要山药栽培区，在日本和朝鲜等地也均有所分布。因此山药的种类繁多，如长山药、铁棍山药、水山药、怀山药、麻山药、日本大和长芋山药等都是山药的主要品种。其中河南焦作地区是我国正宗山药的主产区，从明清以来"怀庆山药"就被视为是质量最佳的山药品种，为我国闻名海内外的"四大怀药"（地黄、山药、牛膝、菊花）之一。我国栽培山药的历史长达几百年，山药一般在较为平坦的地方就能栽种，成活要求非常简单，甚至在灌木中都能成活，在我国很多地方也会有人选择自主栽培山药。山药的产量很高，一般情况下为22.5~37.5t/

hm^2，高产量地区甚至可达到45.0~52.5t/hm^2（图1-2）。

图1-2　山药自古以来就是民间养生保健的珍品

山药按起源地分亚洲群、非洲群和美洲群。亚洲群有6个种，各个种的驯化都是独立进行的。中国山药属亚洲种群，包括有"普通山药"和"田薯"二个种。其原产地和驯化中心在中国南方，广布于温带、热带和亚热带地区。在我国的东北、华北、华中、东南、河北、山东、安徽淮河以南、江苏、浙江、江西、福建、台湾、湖北、广西北部、贵州、云南北部、甘肃东部和陕西南部等地区均有广泛分布，尤其在台湾、广东、广西、福建、江西等省区均有广泛栽培，并形成许多地方品种和野生种。山药是世界上公认的十大食用块茎类作物之一。普通山药又名家山药，是中国和日本的主要栽培种。田薯又名大薯、柱薯。上述两个种按块茎性状又可分为扁块种、圆筒种和长柱种等三个类型。

中国是山药重要的产地和驯化中心。山药古称"藷蓣""储余""玉延""修脆"等。《山海经》卷三《北山经》中有："景山北望少泽，其草多'藷蓣'"。春秋时范蠡著《范子计然》一书中有"储余，白色者善"的描述。从史料可以推知：早在春秋战国时期，人们已熟知山药了，并且山药是富余之后储存下来可代替粮食充饥的食物，但当时多称其为"薯蓣"。

山药一名始于宋，在寇宗奭编著的《本草衍义》中有："避唐代宗李豫年讳，改为'薯药'，又'薯'犯宋英宗赵曙年庙讳，故改为'山药'"。金元之际成书的《务本新书》中已用"山药"一名。其后如明代王象晋年编著的《群芳谱》《广群芳谱》，明李时珍编撰的《本草纲目》，清代四川人张宗法撰著的《三农记》及清代官修的综合性农书《授时通考》年等均采用"山药"一名（图1-3）。

图1-3 慈禧健脾胃的"八珍糕"含有山药成分

第三节 山药的生物学特性

一、根

山药种薯萌芽后，在茎的下端长出粗根。开始多是横向辐射生长，离土壤表面仅有 2～3cm，尔后大多数根集中在地下 5～10cm 处生长。当每条根长到 20cm 左右后，进而向下层土壤延伸，最深可延伸到地下 60～80cm 处，与山药块茎深入土层的深度相适应，但一般很少超过山药地下块茎的深度。这 10 余条根发生在山药嘴处，通常称为嘴根，是山药的主要根系，起吸收和支撑作用（图1-4）。

图1-4 山药的根

随着地下块茎的生长，在新块茎上会长出很多不定根，这是山药的须根。在块茎上端的须根，特别是在近嘴根处，也具备一定的长度，有协助嘴根营养植株的作用。但着生在块茎下端的须根则很短，也很细，基本上没有吸收水分和养分的能力。在土壤特别干旱时，块茎可以长出大量的纤维根，具有吸水能力。

山药须根系不发达，且多分布在土壤浅层。而山药长达3m的地上茎和几千克重的地下块茎的生长都是靠根系供给营养。因此，栽培山药要注意深耕养根，才能获得高产。

二、茎

山药的茎分地上茎和地下茎。

（一）地上茎

山药的地上茎有两种，起攀缘作用的茎蔓，是山药真正的茎；地上茎上叶腋间生长的零余子（俗称山药豆），是一种茎的变态，叫地上块茎。

1. 地上茎蔓

山药的地上茎蔓属于草质藤本，蔓生，光滑无翼，断面圆形，有绿色或紫色中带绿色的条纹。蔓长3~4m，茎粗0.2~0.8cm。苗高20cm时，茎蔓节间拉长，并具有缠绕能力，最初只有一个主枝，随着叶片的生长，叶腋间生出腋芽，进而腋芽形成侧枝（图1-5）。

图1-5　山药地上茎蔓

山药茎蔓的卷曲方向通常为右旋，即新梢的先端向右旋转。食用薯蓣类的大薯、卡宴薯、圆薯蓣均为右旋。但黄独、小薯蓣、非洲苦薯蓣和加勒比薯蓣则是左旋。大薯的茎蔓为四棱形，有棱翼，可以辅助茎的直立。小薯蓣和非洲苦薯蓣茎蔓上生长有刺。

2. 零余子

山药在地上部叶腋间着生很多零余子（地上块茎）（图1-6）。零余子呈椭圆形，长 1.0～2.5cm，直径 0.8～2.0cm，褐色或深褐色，亩（1 亩 ≈ 667m²，下同）产可达 200～600kg。在一般情况下，山药零余子生长在茎蔓的第 20 节以后，而且开始多发生在山药主茎或侧枝顶端向下第三节位的叶腋处。成熟的零余子，表皮粗糙，最外面一层是较干裂的木栓质表皮，里面是由木栓形成层形成的周皮。从外部形态上可以看到，零余子有像马铃薯块茎一样的芽眼和退化的鳞片叶，而且顶芽也是埋藏在周皮内，外观不易觉察。

图1-6 山药的气生茎（零余子、山药豆）

山药零余子的芽眼和马铃薯一样，有规律地排列着。从解剖结构上看，零余子仅有根原基和根的分化，没有侧根的分化，当年的顶芽也处于休眠状态。

零余子的皮中含有山药其他部分所没有的一种特殊的物质——山药素，山药素起抑制生长和促进休眠的作用。当零余子皮层成熟但未通过休眠时，山药素含量最多，但随着休眠的推进，山药素的含量会逐渐减少。零余子只有在通过休眠后，才能萌发，故刚采收的零余子不宜当种用。

不同类型的山药零余子类型也不同。长山药的零余子较多，其次是扁山药，而圆山药则基本上不能形成零余子。

（二）地下茎

地下块茎是山药的贮藏器官，也是人们药用、食用的部分。

1. 山药地下块茎的形成

种薯萌发后，首先先生长不定芽，伸出地面长成茎叶。在这新生不久的地上茎基部，可以看到维管组织周围薄壁细胞在分裂，这就是块茎原基（图1-7）。块茎原基继续分裂，便分化出散生维管分子。在块茎的下端，始终保留着一定体积有强劲分生能力的细胞群，这就是山药块茎的顶端分生组织。顶端分生组织逐渐分化而成熟，先形成幼小块茎的表皮，表皮内有基本组织，基本组织中有散生维管束。小块茎长到3~4cm时，便可用肉眼清楚地看到褐色的新生山药。块茎的肥大完全依靠基端分生组织细胞数量的增加和体积的不断增大来完成。

图1-7　山药的地下块茎（一种）

2. 山药块茎的类型

山药块茎形状的变异较多，大致可以分为长形山药、扁形山药和圆形山药，但在各个类型中都有中间类型的变异。这种变异，主要是受到遗传和环境的影响，其中土壤环境的影响最大。

长形山药，上端很细，中下部较粗，一般长度为60~90cm，最长的可达2m。其直径一般为3~10cm，单株块茎重0.5~3.0kg，最重的可达5kg以上。肉极白，黏液很多，其尖端组织色泽洁白或淡黄，且有深黄色根冠状附属物，此为栓皮质保护组织。块茎停止生长后，尖端逐渐变成钝圆，并呈浅棕色。扁形山药块茎扁平，上窄下宽，且具纵向褶襞，形如脚掌。圆形山药块茎常呈短

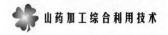

圆筒形，或呈团块状，长15cm，直径10cm左右。

三、叶片

山药虽然是单子叶植物，但其种子却有两片子叶。全叶呈浅绿色、深绿色或紫绿色，叶长8~15cm，叶宽3~5cm，叶柄较长，叶质稍厚，叶脉5~9条，基部叶脉2~4条，有分枝。山药茎的基部叶片多互生，以后的叶片多对生，也有轮生的叶片。山药叶片，一般都是基部戟状的心脏形，或呈三角形卵形尖头，或呈基部深凹的心形（图1-8）。

图1-8 山药叶片（一种）

四、花

山药是雌雄异株。不同类型的雌雄株的比例不同。长山药雌株很少，多是雄株。扁山药和圆山药多是雌株，雄株很少（图1-9）。

（一）雄株雄花

雄株的叶腋，向上着生2~5个穗状花序，有白柔毛，每个花序有15~20朵雄花。雄花无梗，直径2mm左右。从上面看，基本都是圆形，花冠两层，萼片3枚，花瓣3片，互生，乳白色，向内卷曲。有6个雄蕊和花丝、花药，中间有残留的子房痕迹。山药的孕蕾开花期，正好是地下部块茎膨大初期。雄

图1-9　山药花（一种）

株花期较短，在我国北方6—7月开花（这一时期为30~60天）。从第一朵小花开放，到最后一朵小花开放，大致50天左右。一般都在傍晚后开放，多在晴天开花，雨天不开花。

山药块茎生长和开花的时间重叠，需要较多的营养。但由于雄株花期较短，养分需求比较集中，对地下块茎的影响较小，其产量和质量都比雌株的高。雄株的薯蓣皂苷元的含量明显高于雌株。从现蕾、开花到凋落的时间为1~2个月。有的山药雄株不出现花蕾，有的雄株虽可看到花蕾，但常常在开花前就脱落了。山药雄花多是总状花序，似穗状，小花互生。

（二）雌株雌花

雌株着生雌花，穗状花序，花序下垂，花枝较长，花朵较大，但花朵较少，一个花序约有10个小花。雌花无梗，直径约3mm，长约5mm，呈三角形，花冠有花瓣和花萼各3片，互生，乳白色，向内卷。柱头先端有3裂而后成为2裂，下面为绿色的长椭圆形子房。子房有3室，每室有2个胚珠。有雄蕊6个，药室4个，内生花粉。两性花，基本不结种子。

雌花序由植株叶腋间分化而出，着生花序的叶腋一般只有一个花序，偶有一个叶腋两个花序的（图1-10）。一个花序从现蕾、开花到凋落，需30~70天。花期集中在6—7月。花朵在傍晚以后开放，晴天开放，雨天不开。雄花序见图1-11。

图1-10　山药雌花序

图1-11　山药雄花序

五、果实和种子

山药的果实为蒴果，多反曲。果实中种子多，每果含种子4~8粒，呈褐色或深褐色，圆形，具薄翅，扁平，千粒重一般为6~7g。山药几乎不结籽，偶尔结籽，籽粒也很少，饱满度很差，空秕率一般为70%，最高可达90%以上，因此不能作种用。

第四节　山药的采收与初加工

冬季茎叶枯萎后采挖，切去根头，洗净，除去外皮及须根，用硫黄熏蒸后，干燥；也有选择肥大顺直的干燥山药，置清水中，浸至无干心，闷透，用硫黄熏后，切齐两端，用木板搓成圆柱状，晒干，打光，习称"光山药"。

《中华本草》：芦头栽种当年收，珠芽繁殖第 2 年收，于霜降后叶呈黄色时采挖。洗净泥土，用竹刀或碗片刮去外皮，晒干或烘干，即为毛山药。选择粗大顺直的毛山药，用清水浸匀，再加微热，并用棉被盖好，保持湿润，闷透，然后放在木板上搓揉成圆柱状，将两头切齐，晒干打光，即为光山药。

《中药大辞典》：11—12 月采挖，切去根头，洗净泥土，用竹刀刮去外皮，晒干或烘干，即为毛山药。选择粗大的毛山药，用清水浸匀，再加微热，并用棉被盖好，保持湿润闷透，然后放在木板上搓揉成圆柱状，将两头切齐，晒干打光，即为光山药。

《全国中草药汇编》：秋季采挖，除去地上部分和须根，洗净，再刮去外皮，晒或烘干至干，或趁鲜切片令干。

第五节　山药的化学成分与主要活性成分

山药含有淀粉、蛋白质、多糖、脂肪等主要成分，还含有铁、钾、钠、锌、磷等多种人体不可缺少的微量元素。另外还含有甘露聚糖、植酸、尿囊素、胆碱、多巴胺、山药碱，以及多种氨基酸、糖蛋白、多酚氧化酶。山药有丰富的维生素和矿物质，以及占干重的黏液物质，营养价值很高。山药的营养成分如表 1-1 所示。

一、山药多糖

山药多糖是目前所研究的山药主要化学成分中的主要活性成分之一。也是目前山药众多功能性成分中的研究热点。山药多糖的结构和组成都十分复杂。不同的学者研究发现许多种不同的山药多糖，它们的结构和组成具有一定相似性，同时，也有很大的差异性，目前所研究发现的山药多糖其中有均多糖、杂多糖、糖蛋白等。分子量从数千到数百万不等，它们的单糖组成也不尽相同。众多的研究者对山药多糖进行了研究，发现山药多糖具有各种生理功能。主要包括促进肠胃功能、促进胰岛素分泌，提高与胰岛素相关酶的活性，降低血糖、抗衰老、抗突变、抗氧化、增强生物免疫功能，间接抑制或杀死癌细胞。

表1-1　山药（干）的营养成分

序号	成分	含量	序号	成分	含量
1	水分（g/100g）	15.00	10	钾（mg/100g）	269.00
2	蛋白质（g/100g）	17.50	11	钙（mg/100g）	62.00
3	碳水化合物（g/100g）	70.80	12	钠（mg/100g）	104.20
4	脂肪（g/100g）	1.00	13	磷（mg/100g）	17.00
5	膳食纤维（g/100g）	1.40	14	锌（mg/100g）	0.95
6	灰分（g/100g）	3.80	15	锰（mg/100g）	0.23
7	硫黄素（μg/100g）	0.25	16	铁（mg/100g）	0.40
8	核黄素（mg/100g）	0.28	17	铜（mg/100g）	0.63
9	维生素E（mg/100g）	0.44	18	硒（ug/100g）	3.08

二、蛋白质和氨基酸

怀山药是四大怀药之首，因其功效可与人参相媲美，固又称"怀参"，其有别于其他补益品的地方，在于无任何毒副作用，用者（药食两用）没有避忌。因此被历来医家评"温补、性平"是"药食同源"的典范。经过研究发现，淮山药中含有17种氨基酸，总氨基酸含量为7.256%，其中人体必需氨基酸有苏氨酸，缬氨酸，蛋氨酸，苯丙氨酸，异亮氨酸，亮氨酸和赖氨酸等，占总氨基酸含量的25%。

活性肽是指一类分子量小于6 000Da，具有多种生物学功能的多肽。其分子结构复杂程度不一，可从简单的二肽到环形大分子多肽，而且这些肽可通过磷酸化、糖基化或酰胺化而被修饰。活性肽是人体中最重要的活性物质，是机体完成各种复杂的生理活性不少的参与者。它在人体生长发育、新陈代谢、疾病及衰老、死亡的过程中起着关键作用。正是因为它在体内分泌量的增多或减少，才使人类有了幼年、童年、成年、老年直到死亡的周期。山药多肽具有快速消除疲劳、增强肌肉力量、促进能量代谢及减肥效果，增强人体免疫力、抗辐射作用、抗衰老、抗疲劳、平衡人体机理之作用，并且还具有降血压、血脂、降低胆固醇的作用；预防心脑血管系统疾病，增强肌肉抗过敏性。怀山药天然含有一些特殊作用的环肽和氨基酸，具有很多的生理活性和特殊的药理作用，利用合适的酶在适宜的条件下酶解出的怀山药肽将具有特殊的药理作用，有待于人类进一步的开发研究，用于制作怀山药肽类药物、功能性食品和化妆品等。研究表明，长期服用山药肽类食品能够预防肥胖及起到减肥的效果，主要是由于山药肽能够加快体内脂肪代谢以及脂肪分解，减少体内脂肪的贮存并且具有一定降糖效果。怀山药肽还能够刺激巨噬细胞增强其吞噬能力，抑制肿瘤细胞增殖，诱导免疫细胞产生干扰素，增强人体的免疫力以及抗辐射能力。山药蛋白具有良好的体外抗氧化作用，体外抗氧化实验表明，淮山药粗蛋白对·OH 自由基和 $O·^{2-}$ 自由基具有明显的清除作用。淮山药粗蛋白为 710mg/L 时，可以清除 50% 的·OH 自由基，淮山药粗蛋白为 690mg/L 时，可以清除 25% 的 $O·^{2-}$ 自由基。

三、山药脂肪酸

山药中不仅含有多糖、蛋白质、多肽，还含有丰富种类的脂肪酸。对怀山药进行脂肪酸的提取，进行产物成分分析，分析发现怀山药中含有 27 种脂肪酸，其中饱和脂肪酸 18 种，占怀山药脂肪酸总量的 51%，十六酸为其中的主要成分，饱和脂肪酸中含有 8 种奇数脂肪酸，另外的不饱和脂肪酸 9 种，占总量的 49%，其主要成分为亚油酸、油酸和亚麻酸。这些类型的脂肪酸对人体具有良好的生物活性，十六酸有助于脂肪代谢，在怀山药中含有的许多奇数碳脂肪酸和不饱和脂肪酸，其中的不饱和脂肪酸具有抗高血脂的活性，奇数碳脂肪酸具有突出的抗癌活性。

四、山药黄酮

山药中含有一部分黄酮类物质，黄酮是一种广为人知的植物功能性成分，也是目前的研究热点之一。黄酮类化合物一直是一大类具有良好功能特性的天然活性物质，其具有许多明显的生物活性。黄酮类物质在自然界中广泛存在，并且种类繁多，其中最常见的有黄酮和黄酮醇。分子量小的从植物中提取的黄酮类物质能够迅速被人体吸收，从而快速地通过血脑屏障，进入脂肪组织，从而实现其良好的生物活性，它的生物活性主要包括：抗疲劳、抗氧化、抗衰老等。山药中黄酮含量为 0.0508%~0.2366%。通常采用超声波乙醇提取法提取山药黄酮。山药黄酮具有抗氧化功能，对·OH 自由基有一定的清除作用，并且随着淮山药黄酮浓度的增加，这种清除作用不断增强，呈现出一定的浓度依赖性。同时也有研究发现，山药黄酮还具有降低血糖的作用，山药黄酮能有效提高糖尿病小鼠体内超氧化物歧化酶（SOD）活性、降低丙二醛（MDA）量。

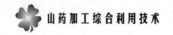

五、山药皂苷

怀山药根茎中含有怀山药皂苷类物质，可以最终水解成为皂苷元。皂苷元类物质是合成甾体类药物的基本原料之一。近年来的研究发现，经过一系列化学修饰的皂苷元类物质可以生产许多疗效奇特的甾体类药物，山药皂苷现在已经成为生产皮质激素、性激素、蛋白质同化激素的重要原料。经过许多研究发现山药皂苷具有良好的功能活性，实验表明，癌细胞的增殖能被山药皂苷有效地抑制，具体的作用机理包括抑制细胞的生长和诱导细胞的凋亡。李忌等发现薯蓣皂素对多种肿瘤细胞的增殖具有显著的抑制作用，例如肝癌 SMMC-7721、人宫颈癌 Hela、胃腺癌 MGc80-3 细胞等。胡等发现薯蓣皂苷能够在体外对肿瘤细胞产生细胞毒作用。Wang 等人发现薯蓣皂苷能显著抑制人类白血病细胞素 HL60 的生长。Moalic 等人发现薯蓣皂素能够干扰肿瘤细胞的蛋白质表达、细胞分裂周期，从而诱导细胞凋亡。山药皂苷对肿瘤细胞的抑制作用主要体现在诱导肿瘤细胞的分化和凋亡以及产生细胞毒作用。

六、尿囊素

张军、秦雪梅等用乙醇超声萃取法提取山药中的尿囊素，并用高效液相色谱—蒸发光散射检测器检测其含量。结果表明，流速为 0.8ml/min，雾化温度为 35℃，蒸发温度为 50℃，尿囊素在 5.5~16.6μg 范围内线性关系良好，方程为：$Y=1.283X+0.3319(r=0.9992)$。尿囊素具有角质松解、水合、麻醉镇痛、抗刺激物、促进上皮生长、消炎、抑菌等作用。目前，尿囊素正作为外用制剂广泛用于皮肤科临床。另据日本专利报道，它还被用作糖尿病、肝硬化及癌症治疗剂的重要成分，还可用于治疗骨髓炎等。因此，许多含山药的制剂用尿囊素作为质量标准的评价依据。

第六节 山药的药理学作用机理

山药是卫生部公布的药食兼用食物之一，也是我国保健食品重要原料之一，具有很高的营养价值和药用价值，自古以来就被视为是可粮、可蔬、可药的营养保健食品。据分析，每 100g 山药可食部分中含有蛋白质 1.9g、脂肪 0.2g、碳水化合物 12.4g，可提供能量 234kJ。与相同重量的红薯相比，其所含热量和碳水化合物只有红薯的 1/2 左右，脂肪含量远低于红薯，而蛋白质含量则高于红薯。此外，山药还含有多种维生素和钙、磷、铁等矿物元素。山药的主要成分是淀粉，其中的一部分可以转化为淀粉的分解产物——糊精，糊精可以帮助消化，故山药是可以生吃的芋类食品。山药不仅根茎富含营养，而且叶子也富有营养，它是胡萝卜素的极好来源，也是钙、铁、维生素 C 的良好来源。由于具有这些营养特点，食用山药可以起到减肥健美功效。

山药性平、味甘，归肺、脾、胃、肾经。中医学认为，山药具有固肾益精、健脾补肺、益胃补肾、聪耳明目、助五脏、强筋骨、长志安神、延年益寿等功效。还能止泻痢、化痰涎、补虚赢，对于食少便溏、虚劳、喘咳、尿频、带下、消渴等均有很好的疗效。据资料记载，慈禧为健脾胃而吃的"八珍糕"中就含有山药成分。

现代医药学研究表明，山药除了营养素含量较为全面外，还含有多种具有药用和保健功能的化学成分，如山药多糖、糖蛋白、尿囊素、胆碱、薯蓣皂苷及其甙元薯蓣皂素、山药碱、多巴胺、3，4-二羟基苯乙胺、胆甾醇、麦角甾醇、油菜甾醇、β-谷甾醇、淀粉酶及多酚化酶等多种活性成分。正是这些活性成分使山药不仅具有营养价值，而且具有广泛的药用及奇特的保健功能。

在山药的活性成分中，山药多糖是目前公认的最有效的活性成分，也是山药化学和药理研究的重点和热点。山药多糖是山药的主要活性成分，其结构非常复杂。实验研究表明，山药多糖具有调节人体免疫功能、调节血糖、抗氧化、抗衰老、抗肿瘤等多种作用。

另有研究发现，山药中含有一种化学物质，其结构与薯蓣皂苷元类似，也类似于人体分泌的脱氢表雄酮（DHEA），是一种类固醇激素，由肾上腺和性腺（睾丸、卵巢）分泌。其被认为是性激素的前体，称为"激素之母"。国内外临床研究证实，脱氢表雄酮对人体具有多种功能，如增强人体免疫力、提高记忆和思考能力、调节神经（镇静、安眠）、防止骨骼和肌肉老化、降血脂、减少血小板聚集、防止动脉硬化、调整体内激素分泌而减肥、防癌抗癌等多种有益于健康的作用。因此，在日常生活中经常食用山药，能使人体内脱氢表雄酮含量保持在较高水平，可使人体保持年轻态。

山药的食用方法很多，如蒸、炒、做汤、煮粥都可。选食山药须注意以下几点。

（1）食用山药，必须去皮，以免产生异常口感。

（2）山药养阴助湿，但有收敛作用，故湿盛中满或患有消化不良，或患感冒者、大便干燥者，不宜食用。

（3）新鲜山药切开后在空气中容易被氧化变色，与铁器接触也会发生褐变现象，因此剖切时须使用竹刀或塑料刀。

（4）山药以选择粗细均匀、表皮斑点较硬、切口带黏液者为佳。冬季购买山药时，要手握山药进行检测，如经过几分钟，山药发热，则说明未受冻，可用；如果未发热说明受冻，不可用。

（5）山药宜用餐巾纸包好或其他干净纸包好，保存在阴凉通风处，防止切口氧化。

由于山药具有较高的营养与药用保健价值，因此几千年来山药一直被视为珍品。2014 年，浙江省宁海县胡陈乡某家庭农场引进并示范种植山药面积 11 亩，其中紫山药 10 亩，白山药 1 亩，经考查实称，紫山药平均亩产 1 030kg，按 20 元/kg 计算，亩产值 20 600元；白山药亩产 1 820kg，按 15 元/kg 计算，亩产值 27 300元。合计总产值 23.33 万元，平均亩产值 21 209元。同时山药还可带动相关产业发展，满足城乡居民的需求，经济、社会效益明显。

一、抗氧化、延缓衰老作用

"轻身不饥延年"早就记载于《本经》中，这句话说的也就是山药的作用。现代分析研究也表明，山药还具有良好的抗衰老作用，能够显著地降低促使机体衰老的酶的活性。王丽霞等测定山药蛋白多糖体外抗氧化作用，表明山药蛋白多糖对活性氧自由基如 H_2O_2、$O \cdot^{2-}$、$\cdot OH$ 具有良好的清除作用，可减少红细胞溶血和抑制小鼠肝匀浆脂质过氧化反应，在一定范围内和剂量成正比。山药蛋白多糖具有明显的体外抗氧化作用，其体外抗氧化能力与蛋白多糖浓度呈正相关性。舒媛等通过测定还原能力、清除 H_2O_2、$O \cdot^{2-}$、$\cdot OH$ 的能力，对 3 种山药粗多糖的抗氧化性进行比较。结果表明 Sevag 法去除蛋白得到的山药粗多糖抗氧化能力最强，除蛋白前的山药粗多糖次之，而用蛋白酶法除蛋白得到的山药粗多糖抗氧化能力最弱。由此可见，山药多糖结合蛋白具有较高的体外抗氧化能力。相湘[57]研究山药对 D-半乳糖所致衰老模型大鼠的抗衰老作用。结果山药可显著提高脑中的超氧化物歧化酶（SOD）、谷胱甘肽过氧化酶（GSH-PX）的活性，降低氧化产物丙二醛（MDA）的含量（$P < 0.01$）。由此可见山药具有显著的抗衰老能力。

二、降血糖、血脂作用

山药中的多糖和黏液对人体的免疫系统也可起到一定的刺激和调节作用，能够降低血糖，增强人体的抵抗力。何云探讨了山药多糖对四氧嘧啶诱导的糖尿病大鼠的降糖作用及其与剂量的关系。山药多糖能显著降低造模大鼠的血糖，而且大剂量的山药多糖降糖更明显，其降糖效果与剂量呈一定关系。表明山药多糖能降低四氧嘧啶所致大鼠的血糖水平，其降糖作用随给药剂量的增加而增加。马立新等探讨山药对糖尿病肠病患者空腹血糖、餐后 2h 血糖、空腹血清胰岛素、SP、血度活性肠肽（VIP）浓度变化的影响。表明山药可调节糖尿病肠病患者血液 SP 浓度、VIP 浓度，使之趋于正常水平，稳定糖尿病肠病患者血糖和改善肠道功能。舒思洁等采用四氧嘧啶制作糖尿病小鼠模型，研究了山药对糖尿病小鼠血糖、血脂、肝糖原和心肌糖原含量的影响，结果表明山药能降低血糖和血脂含量，提高肝糖原和心肌糖原含量。

三、免疫调节作用

山药对人体免疫功能的影响，其主要影响因子是多糖，而关于山药多糖的探讨也有很多。徐增莱等研究淮山药粗多糖对小鼠的免疫调节作用，结果山药多糖具有增强小鼠淋巴细胞增殖能力的作用，促进小鼠抗体生成的作用和增强小鼠碳廓清能力的作用。表明淮山药多糖具有一定的免疫功能增强作用。苗明三研究了怀山药多糖对小鼠免疫功能的增强作用。怀山药多糖 0.8g/kg、0.4g/kg、0.2g/kg 给小鼠连续灌服 7 天，可明显提高环磷酰胺所致免疫功能低下小鼠腹腔巨噬细胞吞噬百分率和吞噬指数，促进其溶血素和溶血空斑的形成以及淋巴细胞转化，并明显提高外周血 T 淋巴细胞比率。

四、抗肿瘤、抗突变作用

赵国华等用小鼠移植性实体瘤研究了山药多糖 RDPS-I 的体内抗肿瘤作用，结果表明，50mg/kg 的 RDPS-I 对 Lewis 肺癌有显著地抑制作用，而对 B16 黑色素瘤没有明显作用，≥150mg/kg 的 RDPS-I 对 B16 黑色素瘤和 Lewis 肺癌都有显著的抑制效果。他们进一步利用多糖化学改性方法和动物移植性实体瘤实验发现，低度羧甲基化、低度甲基化和中度乙酰化均能显著地提高多糖的抗肿瘤活性，而部分降解和硫酸酯化会使多糖的抗肿瘤活性显著降低。阚建全等研究发现，山药活性多糖对 3 种致突变物及黄曲霉毒素的致突变性均有显著的抑制作用。表明山药活性多糖具有抗突变活性，其作用机制主要是通过抑制突变物对菌株的致突变作用而实现的。

五、调节脾胃作用

山药具有补中益气作用，具有调节脾胃功能的作用。李树英研究表明，山药能抑制正常大鼠胃排空运动和肠推进作用，也能明显对抗苦寒泻下药引起的大鼠胃肠运动亢进，胃肌电显示山药可降低大鼠胃电慢波幅，同时能明显对抗大黄所引起的慢波波幅升高；进一步的研究还表明，山药能明显拮抗氯化乙酰胆碱及氯化钡引起的大鼠离体回肠强直性收缩，但不能对抗盐酸肾上腺素引起的离体十二指肠或回肠的抑制作用；彭成等用灌服食醋的方法，建立了大鼠脾虚动物模型，并研究了山药粥对脾虚大鼠的作用，结果表明，山药粥对脾虚大鼠的形成有预防作用，对脾虚大鼠模型有一定的改善作用。

第七节　山药加工技术研究进展

随着种植面积的增加和产量的增大，山药的市场价格也持续走低，农民增产不增收，严重影响了种植的积极性。再加上目前山药主要采用地窖贮藏，贮藏到次年的 3 月时很容易出现腐烂、发芽等现象，失去食用价值，开展对山药加工技术的研究显得尤为重要。目前山药的加工仍然比较传统，主要是鲜切、冷冻、热风干燥等粗加工，远远不能满足消费者对食品多样性、食用方便性等要求。随着冷冻干燥、微波干燥、真空微波干燥、挤压膨化等技术的不断成熟，加强这些高新技术在山药加工中的应用研究，不仅具有科学理论意义，而且具有良好的市场应用前景。

一、山药的鲜切加工

果蔬的鲜切加工是现代食品发展的趋势之一。目前有关山药的鲜切加工尚不多见，国内的有关研究认为，山药的鲜切加工关键在于护色。由于山药中多酚氧化酶导致的酶促褐变和非酶促褐变是导致山药感官质量下降的主要原因，因此加强山药护色研究十分重要。谢荣辉等对鲜切山药的护色进行了研究。正交试验的结果表明，山药加工的最佳复合护色配方为 2.5% 食盐、0.6% 柠檬酸、0.1% 亚硫酸氢钠和 0.06% L-半胱氨酸。孙峰等研究发现，0.6% Na_2SO_3 和 0.3% 维生素 C+0.3% Na_2SO_3 的护色效果优于 0.5% 维生素 C 的护色效果。

二、山药的速冻加工

速冻是果蔬保存的一种重要措施，目前，菠萝、葡萄、苹果等水果的速冻贮藏已经有大量研究。有关速冻山药的产品营养质量的影响研究报道不多。鲍彤华等研究了不同冻结温度对山药片营养质量变化的影响，研究表明 -30℃ 速冻对细胞结构的破坏较小，解冻后产品不仅硬度损失少、汁液流失少且维生素 C 含量损失也较少，-30℃ 是冻结山药片较适宜的温度。

三、山药的热风干燥加工

山药是一种含水量极高的蔬菜，有研究表明其含水量可高达90%以上。采后很容易腐烂变质，贮藏期很短，每年冬季因腐烂等引起的损失高达50%。而对山药进行干燥加工可有效延长贮藏时间，解决远距离运输等问题。传统的山药加工工艺主要是自然晾干、风干和烘干，生产力低下，产品质量难以保证。江明等对脱水山药片的加工工艺进行了研究，研究显示，恒温箱中干制温度不宜过高，以70~80℃为宜。干制初期温度可稍高，注意排湿，避免表面硬化；后期时要注意控制温度，防止焦化的发生。宋立美等将山药加工干制成山药脯、山药干、山药粉，大大延长了山药的供应期，扩大了销售范围，拓宽了市场销路。

四、冷冻升华干燥

冷冻升华干燥是将含水物料先冻结，然后使物料中的水分在一定的真空条件下不经液相直接从固相转化为水汽排出，从而对物料进行脱水。冻干农产品是将新鲜原料如蔬菜、肉食、水产品、中药材等快速冷冻后，再送入真空容器中升华脱水，整个过程在低温下进行，原料体积不发生变化，蛋白质不易变性，所含挥发性成分不会损失，是迄今为止最先进的农产品脱水干燥技术。虽然该项技术有投入成本大、运行成本高等缺陷，但冻干产品的销售价格更好，可弥补成品的高成本投入，获得高额利润。目前，有关冷冻升华干燥技术在山药加工中的应用仅见于诗芬对冻干山药的加工技术研究，研究发现采用该技术加工的干制山药，能最大限度地保存原料的营养成分。但对冻干的工艺参数进行研究尚未见报道，研究装盘量、速冻温度、速冻时间、干燥升华时仓压、干燥解析时仓压和解析时的物料温度等工艺参数，可为今后山药冷冻升华干燥的工业化生产提供参考。

五、微波干燥

微波干燥是利用磁控管产生的辐射波能转变为热能使湿物料干燥的方法。具有干燥速度快，时间短，加热均匀，不会引起外焦内湿现象；能使产品在干燥过程中成分不受破坏，保持良好的质量。果蔬采用微波干燥法与其他干燥方法相比具有很大的优越性，主要体现在对果蔬的外观、微结构及营养成分的保持方面。张薇等研究了怀山药微波干燥过程温度水分的特征变化，并建立了微波辐射干燥片状中药材怀山药的数学模型。目前有关山药采用微波干燥工艺的

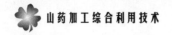

研究还不够深入。因此，加强山药微波干燥工艺参数的研究对提高山药的感官质量，保持营养成分有重要意义。

六、真空微波干燥

真空微波干燥技术则是把微波干燥和真空干燥两项技术结合起来，在一定的真空度下，物料的沸点温度降低，物料在低温下即可进行脱水，由于水分扩散速率的加快，能较好地保护物料中的营养成分，以微波作为真空干燥的热源，可克服真空状态下常规对流方式热传导速率慢的缺点，大大提高干燥速度，在某种情况下还产生类似煎炸膨化的效果，形成酥脆的质地。目前，国内仅见王安建等采用真空微波冻干工艺干燥山药的研究。具体方法是：将速冻后的山药片装入真空罐中抽真空，在真空度 75~145Pa，温度在 −30~−20℃ 条件下开启微波源，于 140~220V/cm 条件下先干燥 2.5~4h，直到物料水分已除去 80%，之后降低微波强度，使物料水分降至 5% 以下。研究表明，采用该技术对山药进行干燥，具有干燥时间短，所得山药产品质量高，复水性好，口感佳等优点。因此，加强真空微波技术在山药加工中的真空度、微波功率、温度等工艺参数研究，可为山药加工专用真空微波干燥设备的研制及山药真空微波干燥的工业化生产提供参考。

第八节　山药制品的开发前景

山药是传统补益中药材，含有多种对人体有益的营养物质和活性成分，对机体功能存在广泛的影响，有健脾养胃、补肺益肾、止泻利湿之功效，对肾炎、糖尿病、血管动脉硬化和肿瘤等有防治作用，是养生健身、药食兼用的佳品。既是慢性病患者的食疗佳肴，也是老少皆宜的功能食品，具有十分广阔的市场前景。在我国，山药传统的食用方法是烹饪菜肴或作为药材入药，真正意义上的山药食品在市面上商业化流通的种类少、口味单一，且因其水分含量大、易褐变、易断等特点而不利于长期保存和运输。所以为了贮藏和运输方便，满足山药行业的快速发展和人们对山药食品的需求，一般把山药做成各种营养价值高、易贮藏且食用方便的山药产品，深受人们喜爱，更能满足人们日常的生活需求。

一直以来，山药滞后的深加工业使山药产业附加值低，产业链条短。因此，对山药的开发利用市场潜力巨大。经过多年研究，山药在种植技术方面有了很大的改进，现在多地区采用机械化种植，但要提高山药种植水平和种植效益，各地区仍要在现有的栽培技术基础上，进一步进行技术创新或技术完善。在育种及山药选苗方面，一些基础性的工作仍然比较落后，尤其在山药的遗传特性、杂交育种基本技术方面及种质资源创新、良种繁育等方面。因此，下一步工作首先以山药的基础技术及种质资源为研究方向和目标，加快良种繁殖、种质资源创新与利用及新品种选育，同时提高规范化种植的节奏，促进山药产业化的发展，提高经济效益。在药理作用方面，其研究与临床应用联系较少，应加大科研与实践之间的联系，将更多的药理作用应用于临床，进而推动山药相关研究的发展。国内目前仍处于山药理论分析和应用研究的中试阶段，投放市场的产品较少。就山药的产品形式而言，现在多以原山药为主，其深加工产品基本上是对山药原料形式上的变化，并不能很好地将山药的功效体现出来。探索如何把药食兼用的山药开发成配方独特合理的风味食品，使消费者在食用后不仅摄取营养，又可达到益智养生作用，更符合我国消费者在解决温饱后，既要吃得口感好，又要健康的新消费理念。

第二章　山药淀粉加工技术

第一节　山药淀粉的提取分离技术

淀粉广泛分布于自然界，主要存在于高等植物中，还存在于原生动物、细菌中。淀粉的来源与品种很多，可分为如下几类：谷类淀粉，如小麦淀粉、玉米淀粉、荞麦淀粉等；薯类淀粉，如葛根淀粉、马铃薯淀粉、山药淀粉等；豆类淀粉，如绿豆淀粉、豌豆淀粉等；在一些细菌中亦有糖原与淀粉。随着科学技术的快速发展，淀粉及其制品作为一种重要的化学原材料，已被广泛地应用于化工、食品及纺织中，不仅带动工业的发展，更促进淀粉的技术研究。

淀粉是大分子物质，由 D-葡萄糖组成的碳水化合物，是葡萄糖脱水后，由糖苷键进行连接所形成的聚合物。葡萄糖的分子式为 $C_6H_{12}O_6$，脱去水分子后为 $C_6H_{10}O_5$，因此，淀粉的分子式为 $(C_6H_{10}O_5)_n$，n 为不定数，并用聚合度表示脱去葡萄糖单位后，组成的淀粉分子结构体的数量，以 DP 表示。

淀粉是由直链淀粉和支链淀粉构成的，不同种类和来源的淀粉，直支链淀粉的比例和含量差异较大。直链淀粉分子的基本结构单位为 α-（1→4）-D-葡聚糖，是由 700~5 000 个葡萄糖单位组成。不同品种的淀粉直链淀粉含量也不同：一般薯类约 20%；谷类约 25%；豆类 30%~35%；糯米淀粉则几乎为零。支链淀粉是高度分支化的，支链和分支都是 α-1，4-糖苷键，支点由 α-1，6-糖苷键所连接，占 5%~6%。较直链淀粉而言，支链淀粉的分子量要大得多，且支链淀粉较易形成分子聚集体，因此不易获得它的平均链长组成。几乎所有的天然淀粉中都含有支链淀粉，不同来源的淀粉中支链淀粉含量不同，在黏玉米、黏性糯米中，支链淀粉含量极高。

淀粉颗粒含有少量的脂肪、蛋白质、无机盐。在这些微量成分中，除磷酸和脂肪酸被直链淀粉吸附和结合外，其余物质都混于一体。

一、山药淀粉的提取

山药淀粉具有聚合度低、分子量小、支链淀粉含量高、易糊化、吸水膨胀性强等特性，山药淀粉的需求量前景好，山药淀粉可以广泛用于食品、医药、化工等行业。目前我国山药淀粉加工业工艺粗放，山药淀粉提取率低，效益差，生产一般采用湿法工艺，然而直接用水作为浸泡剂，山药中含有黏质物质，如黏液蛋白、胆碱、尿囊素等使整个体系的黏度增大，不利于淀粉的沉淀，从而影响淀粉的得率，而且褐变现象严重，对淀粉的品质产生不利的影响。以石灰水为浸泡剂，采用稀碱法从山药中提取淀粉，研究 pH 值、液固比、浸泡时间、沉降时间对淀粉得率的影响，并用正交试验确定山药淀粉制备的最佳工艺。最佳的制备工艺条件为：石灰水的 pH 值为 8.0，料液比 1：5，浸泡时间 3h，沉降时 4h，在此工艺条件下，淀粉得率为 9.98%。

张红建等人通过超声辅助的方法对川山药淀粉的提取作了相应地研究。超声波场强的空化效应以及骚动效应能有效地破坏山药的细胞结构使淀粉释放。根据此原理，在超声辅助下，通过控制提取温度、料液比、提取时间和 pH 值，并通过正交试验，得到川山药淀粉的最佳提取方案：料液比 1：10，提取时间 20min，提取液 pH 值为 10 的提取条件下，川山药淀粉的提取率可达到 75.35%。

二、直链淀粉与支链淀粉的分离

淀粉既可食用又可做工业原料。Meyer 等人指出淀粉不是单一的物质，而是直链淀粉和支链淀粉的混合物，直链淀粉是线性直链状分子的多糖，支链淀粉是高度分支的多糖。所以直链淀粉和支链淀粉的分离也一直是人们研究的热点。分离直链淀粉和支链淀粉的方法有很多，主要有两类。一类是以溶解度的差异为依据，包括温水抽提法，配合剂分离法，盐类分类法，聚合物控制结晶法。另一类是以直链淀粉和支链淀粉分子结构特性差异为依据，包括色谱分离法，纤维素吸附法等。

最早分离直链淀粉和支链淀粉的方法温水抽提法，此方法中温度影响淀粉的抽提效率。温度过高，则直链淀粉的抽提效率高，但直链淀粉也会被抽提出来，纯度较差；若温度太低，则抽提效率低，直链淀粉得率也低。所以一般的抽提温度稍高于淀粉的糊化温度。配合剂分离法也有很多种，其中以 Schoch 的丁醇法最为有名。该法是往淀粉糊液中加入正丁醇进行冷却，使直链淀粉—正丁醇复合物沉淀出来。盐类分离法就是利用直链和支链淀粉在盐的浓度相同的条件下盐析的温度不同而将其分离。常用的无机盐有硫酸镁、硫酸铵和硫酸钠等。此方法也能够用来按分子量的不同将直链淀粉进行分级。控制结晶分离法是淀粉溶液或淀粉糊在低温静置条件下，直链淀粉分子就缓慢渗出，如果适当地降低温度，则此类分子将产生定向并从溶液中结晶出来。Etheridge 等通过控制结晶过程分离出了纯度相当高的直链淀粉。Hoffman's Starkfarbriken 应用以凝胶作用为基础的流体力学法分离出马铃薯直链淀粉和支链淀粉。

色谱法是根据直链淀粉和支链淀粉的分子结构和分子量的不同，使得采用凝胶过滤层析分离成为可能。当淀粉溶液通过层析柱时，分子直径比凝胶孔大的支链淀粉分子只经过凝胶颗粒之间的空隙，随洗脱液一起移动，先流出柱外；而分子直径比凝胶孔小的直链淀粉分子，能够进入凝胶相内，不能和洗脱液一样向前移动，移动的速度必然要落后于支链淀粉分子。但是此方法的缺点就是上样量比较少。所以多用于对已分离的直链淀粉和支链淀粉进行纯度检验。如 Jane 等就是采用 Schoch 丁醇法先对马铃薯淀粉、普通玉米和高直链玉米淀粉Ⅶ的组分进行分离，然后用凝胶过滤层析对其纯度进行检验。我国张林维也通过运用交联明胶亲和色谱法对番薯淀粉组分进行分离，得到直链淀粉和支链淀粉两个级分。纤维素吸附法则利用直链淀粉能被纤维素吸附而支链淀粉不被吸附的性质可将它们分离。将冷淀粉溶液通过脱脂棉花柱，直链淀粉被吸附在棉花上，支链淀粉流过，直链淀粉再用热水洗涤出来。用此方法可制得高纯度的支链淀粉。

三、直链淀粉与支链淀粉的提取工艺流程PH

称取一定量的预处理好的脱脂山药淀粉于 500ml 烧杯中，加少量水和无水乙醇进行润湿，完成后向烧杯中加入 0.5mol/L 的 NaOH 溶液 35ml，于沸水浴中水浴 20~30min。室温冷却后进行离心（4 000r/min，20min）弃去沉淀，得到的上清液再以 2mol/L 的 HCl 调节 pH 值至中性，加入 100ml 正丁醇-异戊醇（4∶1 体积比）混合液，然后继续在沸水浴中水浴并且搅拌 10min 至溶液变成透明，取出后冷却至室温后移入 4℃冰箱中静置 24h 后离心。离心后向其中的上清液中加入 20ml 正丁醇，再于沸水浴中水浴搅拌至溶液全部分散透明，冷却至室温，置于 4℃冰箱中静置 24h 后取出离心（4 000r/min）。离心后仍然弃去沉淀，重复 5 次。将收集到的上清液利用旋转蒸发进行浓缩，浓缩后的液体加 2 倍冷的无水乙醇沉淀，再以无水乙醇洗涤数次后置于 40℃干燥后得到支链淀粉。

收集离心后的沉淀，向其中加入 200ml 正丁醇饱和水溶液，然后于沸水浴中加热搅拌至溶液完全分散，冷却至室温，置于4℃冰箱中静置24h后进行离心（4 000r/min，20min），收集得到的沉淀，将上清液重复5次，收集得到的沉淀浸泡于无水乙醇24h，然后再用无水乙醇洗涤数次，于40℃干燥箱中干燥，从而得到直链淀粉。

四、总结

正丁醇沉淀法是实验室制备少量直链淀粉的常用方法，使用该种方法的过程中淀粉仍然保持颗粒状。直链淀粉与支链淀粉在性质和结构等方面有较大的差异，直链淀粉溶解于热水，当其处于溶解状态下时，它的分子处于伸展状态，这种状态的直链淀粉容易与某些有机化合物复合，如正丁醇、异戊醇等，它会通过与这些有机化合物缔结氢键而形成结晶性化合物，这样就产生了沉淀；而同样的条件下支链淀粉却不会产生沉淀，这是因为支链淀粉在溶解的情况下是呈分支状的，送样会造成比较大的空间位阻，难以形成沉淀。因此，我们通常利用这种直链淀粉与支链淀粉的送种性质差异将其进行分离。

淀粉并不完全由直链淀粉和支链淀粉这两种极端的结构完全不同的多糖类构成，其中还有性质处于两者之间的多糖类存在，这给完全分离直链淀粉和支链淀粉以及分析淀粉的性质带来了困难。另外，热的淀粉有被空气中的氧氧化分解的可能，为了避免这种情况，需要用氮气等惰性气体将空气完全置换掉。即使这样，淀粉在分散作用、分级分离和离心分离期间仍能发生降解，对此的控制问题还有待解决。

第二节　山药淀粉理化特性

一、淀粉的基本物化性质

淀粉的物化性质包括淀粉的糊化、老化、膨润力和溶解度、透明度、淀粉糊的黏度等。

（一）淀粉的糊化

淀粉不溶于冷水，但随着温度的不断升高，到达一定温度时，水分子与一部分淀粉分子结合，破坏氢键进入了淀粉粒的非结晶结构中，双折射现象消失。温度继续升高，淀粉颗粒不可逆的吸水膨胀，晶体结构消失，结晶区氢键断裂，生成半透明黏稠液体，即为"淀粉糊化"。糊化时所需达到的温度称为糊化温度，淀粉糊化的方法有很多种，如间接加热法、通电加热法、高压糊化法。除此之外，研究发现，许多非水性溶剂，如液态氮、甲醛、二甲基亚砜等，由于它们能破坏淀粉团粒中分子之间的氢键，或与淀粉形成可溶性混合物，从而也可以使淀粉发生糊化作用。

糊化的测定方式也有很多种，无论哪种淀粉的糊化方式，微观上最终都是以微晶束被破坏、淀粉分子发生水合和溶解为结果。常用的测定方法有差示扫描量热分析法（DSC）、定量差示热分析（DTA）、布拉班德黏度测定仪（BV）、快速黏度分析仪（RVA）等。

（二）淀粉的老化

淀粉糊或淀粉溶液冷却后，线性分子由氢键缔合形成不溶性沉淀，线性分子重新排列，溶解度减小，浊度增加，沉淀析出，这种现象称为老化。该淀粉为老化淀粉，又称 β-淀粉。老化可看做糊化的逆过程。

淀粉老化研究对改善食品品质有重要意义。孟祥艳等人利用现代高分子科学理论对淀粉老化的机理作了解释。并在此基础上，介绍了影响淀粉老化的因素，得出影响淀粉老化的因素主要有：淀粉分子结构、分子聚合度、水分、温度、直链淀粉与支链淀粉的比例等。

（三）膨润力和溶解度

溶解度和膨润力是用来表示淀粉与水相互作用的程度。

（四）透明度

淀粉的透明度取决于淀粉的来源，木薯、马铃薯等薯类淀粉的透明度高于玉米、小麦等谷类淀粉。马铃薯淀粉透明度最高，蜡质玉米和木薯次之，小麦和玉米淀粉呈现浑浊、不光泽，透明度最低。

（五）糊的黏度

测定淀粉糊黏度的仪器很多，根据转子在淀粉糊转动过程中，产生阻力，形成扭矩，并相应地通过指针指示出来。检测的仪器有 NDJ-79 型旋转式黏度计、Brabender 黏度计、乌氏黏度计等。温度、淀粉糊的浓度、搅拌时间和速度、直链淀粉和支链淀粉的比例以及盐等添加剂都会对淀粉糊的黏度产生影响。

（六）凝胶性

当分散的水合淀粉分子重新形成氢键缔合，就是凝胶现象。直链淀粉含量越高，生成凝胶的过程越迅速。凝胶是介于固体和液体的一种特殊存在形式。玉米淀粉较马铃薯淀粉凝胶化快，其原因可能是玉米淀粉的直支链淀粉几乎彼此分开，而马铃薯淀粉却是紧密结合的，这样的结合形式使马铃薯淀粉颗粒具有软凝胶性与高度膨胀性。

二、淀粉的颗粒特性

不同来源的淀粉粒在显微镜下观察具有各自的大小和形状，淀粉粒的一般形状为球形、椭圆形和多角形。淀粉颗粒大小一般在 $2\sim120\mu m$。

对淀粉颗粒的形态观察一般采用透射电子显微镜（TEM）和扫描电镜（SEM）。透射电子显微镜（TEM）是将样品切成薄片，虽然分辨率高，但也有一定的局限性。扫描电子显微镜（SEM）既可观察淀粉的颗粒形态，又可描述颗粒内部堆积和破碎的情况。激光粒度分析仪（LLSPA）能够分析淀粉颗粒的尺寸大小。

三、淀粉的结晶特性

所有的淀粉颗粒都具有结晶性，淀粉粒是由有序的结晶区与无序的无定形区组成。国内外一般用 X 射线衍射来观察结晶区部分构造，并结合重氨置换法确定淀粉的结晶度，但至今还未有较好的研究方法确定非结晶区的构造。

人们根据完整淀粉粒的 X 射线衍射图的不同，分辨出三种晶体结构类型，分别是 A 型、B 型和 C 型。玉米具有 A 型图谱，木薯、马铃薯、老化淀粉和高直链玉米淀粉呈现 B 型图谱，根类淀粉和一些水果类植物淀粉具有 C 型图谱，C 型可以看做是 A 型和 B 型的混合体。

四、淀粉的热焓特性

对淀粉热焓特性的研究主要依据热分析技术。该技术是探索在加热或冷却过程中物质产生的变化。

热分析技术的方法主要有三种：①差热分析（differential thermal analysis，DTA）；②差示扫描量热法（differential scanning calorimetry，DSC）；③热重分析（thermogravimetry，TG）。DTA、DSC 和 TG 3 种热分析技术在淀粉研究中，以 DSC 应用最为广泛，DSC 技术是建立在 DTA 基础上发展的。DSC 与 DTA 相比，DSC 优于 DTA，可以直接测量热量，它的另一个优点是由于可以随时热量补偿，避免了热传递，使试样和参比物的温度保持相等。故该仪器重现性好、分辨率高。

五、淀粉研究中的现代分析技术

淀粉在食品工业中扮演着重要的角色，近年来随着食品工业的不断发展，传统的分析手段无法达到淀粉研究的需要。在诸如高分子材料及物理研究中，

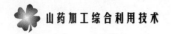

采用现代分析技术来研究淀粉分子的颗粒结构、分子组成、平均聚合度及热力学性质等。

（一）扫描电子显微镜

扫描电子显微镜被广泛地应用于淀粉微观结构的分析中，它具有如下的优点。

（1）试样制备的方法简便，即在表面涂上金属薄膜就可观察。

（2）分辨率高。

（3）视野大，景深长。

（4）可对样品进行动态观察，分析其晶体结构和化学成分的变化。

（二）X-射线衍射法（X-ray）

X-ray 被广泛地应用于物质的分析鉴定中，特别是分析研究固体物质最为普遍。X-ray 的分析原理是样品受 X 射线照射时，衍射产生的波长与物质的离子、原子间距离（一般为 $10\sim100nm$）相当，产生 X 射线衍射。晶体物质的衍射图表示衍射强度随着角度的变化情况，衍射强度和位置反映了淀粉的结晶特性。利用固体或晶体的 X 射线衍射图是最直接有效的"观察"其微观结构的手段。

（三）光谱分析技术

光谱分析可分为几大类型，分别是：发射光谱、散射光谱及吸收光谱，在淀粉的研究应用中最普遍的是紫外吸收光谱与红外光谱。

1. 紫外—可见吸收光谱

紫外吸收光谱（UV）是通过测定淀粉样品—复合物最大吸收波长的变化来判断淀粉样品的水解程度。它的原理是分析物质吸收紫外-可见光能量，引起分子中的电子能级跃迁。采用紫外吸收光谱进行扫描，在一定的波长范围内，分析最大吸收峰，并可以用平均聚合度（DP）表示。根据 Banks 公式：$1/\lambda_{max}=0.001558+0.1025/DP$，计算其 DP 值。

2. 红外吸收光谱

红外吸收光谱（IR）可对高分子物质的结构和官能团进行定性的分析。它的工作原理是样品吸收红外光能量，产生分子转动，振动能级跃迁。通过分析相对吸收光能量随波数的变化、吸收峰的位置与强度，判断淀粉中化学键和基团的信息。

（四）色谱分析技术

高效液相色谱（HPLC）和凝胶渗透色谱（GPC）被广泛应用于淀粉的定性与定量研究分析中。

1. 高效液相色谱

高效液相色谱（HPLC）利用分析样品各组分在固定相与流动相，两相之间的分配系数不同而被分离出来。图谱上显示的是各组分相对浓度随柱保留时间的变化，其中峰面积与组分含量有关，峰的保留时间用来分析组分性质。

2. 凝胶渗透色谱

凝胶渗透色谱又可称体积排阻色谱，它是根据样品通过凝胶柱时，按分子大小进行分离。尺寸较大的分子保留时间短，先洗脱出来；尺寸较小的分子滞留时间长，较后被洗脱出。根据各组分浓度随保留时间的变化绘制曲线，用来分析淀粉的平均相对分子量的分布情况。

（五）差示扫描量热分析

差示扫描量热仪分析技术是在程序控温的条件下，维持样品和参比物温差为零，测定物质物态转变的热量变化。从图谱上可得到 3 个特征参数：T_o 为起始温度，T_b 为峰值温度，T_c 为终止温度。可根据 DSC 图谱上的热焓（$\triangle H$）大小判断糊化的程度。

第三节　山药淀粉加工品质特性

目前，山药多以新鲜块茎消费为主，主要加工产品有山药饮料、山药酸奶及山药干等。研究表明，山药中含糖蛋白 1.5% 左右，黏多糖 2.15%~2.92%，淀粉 16%~20%。近年来，国内外对山药所含黏多糖、糖蛋白、胆碱等功能保健成分及应用进行了较为深入的研究，而淀粉作为提取功能成分后的副产物多随生产废水流失。淀粉是山药中的主要碳水化合物，国内外对山药淀粉已有部分研究报道，但涉及山药淀粉加工品质特性的研究报道尚未多见。

杜双奎等人采用水磨法制备山药淀粉，以马铃薯淀粉和玉米淀粉为对照，比较系统地研究山药淀粉的颗粒特性和糊化特性。发现山药淀粉溶解度和膨胀度明显小于玉米淀粉和马铃薯淀粉；与对照相比，山药淀粉糊具有较低的透明度，较差的冻融稳定性。山药淀粉起糊温度较高，糊的热稳定性好，抗剪切能力强。增加淀粉质量分数和 pH 值，淀粉糊冷热稳定性降低。添加蔗糖、NaCl 和 Na_2CO_3 能够提高山药淀粉的起糊温度，增强热稳定性，提高抗剪切能力，但添加明矾使糊的热稳定性降低，抗剪切能力下降。除蔗糖外，NaCl、Na_2CO_3、明矾添加剂对山药淀粉的糊化特性影响明显。李昌文等以石灰水为浸泡剂，采用稀碱法从山药中提取淀粉，研究了 pH 值、液固比、浸泡时间、沉降时间对淀粉产率的影响；聂凌鸿对淮山药抗性淀粉的制备工艺条件进行了优化；Wang 等对 12 种山药淀粉的颗粒特性、晶体结构、热特性、糊化特性以及酸解特性进行了系统研究。

因此，对山药淀粉加工特性的系统研究，可以为山药资源的开发利用和新产品的研制提供理论依据。

一、山药淀粉的主要组成成分

对山药淀粉的主要组成成分的测定主要采用国标的方法。其中包括水分、灰分、碳水化合物、粗蛋白、脂肪等。文献报道，山药淀粉中的水分含量为 14%左右，符合 Soni 等人建议市售淀粉的水分含量水平。灰分是指特定温度下淀粉完全燃烧后的残余物，主要成分有 Cu、Ca、Mg 和磷酸盐从山药淀粉的组分分析中可看出，脂肪含量和蛋白质含量较少，且比较接近，灰分含量最少，不足 1%，淀粉含量为 70%左右。

杜双奎通过对山药淀粉、马铃薯淀粉、玉米淀粉中主要组成成分的分析对比，发现山药淀粉中水分的含量较另外两者低，碳水化合物、脂肪和直链淀粉的含量较另外两者的高。其中支链淀粉具有好的透明度、柔韧性、抗张强度和水不溶性，对山药淀粉的加工品性有很重要的影响。

二、淀粉颗粒性质分析

（一）淀粉颗粒形貌观察

淀粉的光学形貌主要通过偏光显微镜来观察淀粉颗粒的偏光十字，另外通过扫描电子显微镜也是观察淀粉颗粒大小和形状的主要手段。

杜双奎等人对山药淀粉颗粒形貌观察如图 2-1 所示，发现，山药淀粉颗粒多为扁卵圆形，颗粒表面较光滑，颗粒比较完整，没有裂缝和破损，有些颗粒表面有少量絮状黏附物质，这可能是一些黏性糖蛋白类物质残留所致。而玉米淀粉为圆形或多角形，淀粉颗粒大小差异较大，表面光滑；马铃薯淀粉颗粒多为圆形和椭圆形，有的颗粒表面有凹陷。山药淀粉颗粒大小介于玉米淀粉（13μm）和马铃薯淀粉（25μm）之间。淀粉颗粒的形状大小是由遗传因素决定的，它与淀粉的生物合成机理和生长组织环境有关，淀粉及其组分的性质与淀粉粒的大小有关系。

（二）山药淀粉的溶解度和膨润度

吸水性会影响淀粉的加工特性，研究淀粉—水体系特性在食品加工中具有重要的意义。淀粉膨胀反映了支链淀粉的特性，而淀粉溶解主要与直链淀粉由膨胀颗粒中的逸出相关。

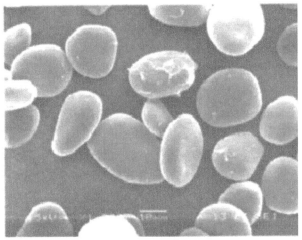

（A）山药淀粉

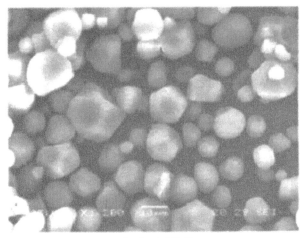

（B）玉米淀粉

图 2-1　淀粉颗粒的电镜形貌（1 200×）

　　影响淀粉的溶解度和膨润度的因素有很多，温度是其中影响较大的一个因素。李昌文等人通过采用不同的温度对怀山药淀粉的溶解度和膨润度做了详细的研究，并且在同一温度下对山药淀粉、玉米淀粉、马铃薯淀粉的溶解度和膨润度做了对比，发现怀山药淀粉在 65℃ 时膨润力较小，在 75~95℃ 膨胀度速度增长较快，也就是有一个初始膨胀阶段和后阶段迅速膨胀阶段，为典型的阶段膨胀过程，属限制型膨胀淀粉，并且在 75℃ 下，怀山药淀粉的溶解度和膨胀度比玉米淀粉高，但比马铃薯淀粉低。淀粉的溶解和膨胀与淀粉大小、形态、组成、直链和支链淀粉的分子质量的比例以及支链淀粉中长链、短链所占的比例有关。杜双奎对不同淀粉的溶解度和膨润度也有一定的研究，他发现，3 种淀粉溶解度和膨胀度都随着温度的升高而增大。在 60~95℃，山药淀粉溶解度明显小于玉米淀粉和马铃薯淀粉。与马铃薯淀粉相比，山药淀粉和玉米淀粉具有较小的膨胀度，在 95℃时分别为 13.8% 和 20.7%，属于限制型膨胀淀粉，而马铃薯淀粉的膨胀力相当大，在 75℃时为 24.2%，85℃已高达 70.6%，属于高膨胀型淀粉。淀粉的溶解和膨胀受淀粉颗粒的微晶质量、直链淀粉—脂类复合物以及支链淀粉分子结构影响。山药淀粉、玉米淀粉以及马铃薯淀粉在溶解度和膨胀度上的差异反映它们的直、支链淀粉的比例，直、支链淀粉分子的分子量及分布、支链度和长度以及形态不同，马铃薯淀粉的高溶解度和膨胀度可能与其支链淀粉中高的含磷量有关。

三、淀粉糊的性质特性

（一）山药淀粉的透明度

分子的紫外可见吸收光谱，是由于分子中的一些基团吸收了紫外可见光后，发生了电子能级跃迁。因为不同物质的分子、原子和分子空间结构有所不同，所以对光的吸收情况也就不同。因此，物质的吸收光谱曲线都是特定的，要测定某物质的含量，可以通过测定某些特定波长处的吸光度高低来判断。

淀粉的颗粒大小也是影响淀粉透明度的因素之一，淀粉的颗粒越大，就越容易吸水膨胀，膨胀后的淀粉反而不会对入射光产生折射和反射现象，糊化后的糊化液比较透明，透光率也会比较高，另外淀粉中的磷酸酯含量也与其透光率有关，淀粉中与支链淀粉分子结合主要通过磷酸酯键来结合，如果淀粉颗粒在受热时吸水就能够彻底膨润，并且糊化后的淀粉分子相互之间也不会缔合，这就说明了淀粉糊液中没有残存的淀粉颗粒和淀粉回生后所形成的凝胶束，因此淀粉糊就会显得非常透明，光线透过淀粉糊时，也就没有反射和散射现象的发生，而淀粉中的磷酸基的存在能够对淀粉分子间的聚合起到一定的抑制作用，对于提高淀粉糊透明度有很大的帮助。

淀粉糊的透明度用透光率来反映。透光率的大小反映了淀粉与水的互溶能力，以及膨胀溶解能力的好坏，与淀粉中直、支链比例有关，直链淀粉含量越高，透明度越低。直链淀粉易相互缔合使淀粉糊回生，使光线发生散射，减弱光的透光率，从而降低淀粉糊的透明度。山药淀粉糊的透光率最小，仅为 1.66%，玉米淀粉糊次之，马铃薯淀粉糊的透光率最大，高达 16.53%。透光率愈大，淀粉糊的透明度愈好。淀粉糊的透明度取决于淀粉的种类和品种，支链淀粉含量对透光率有一定的影响。山药淀粉的透光率差可能与其难糊化有一定关系。

（二）山药淀粉冻融稳定性

冻融稳定性可以用来衡量淀粉承受冷冻和解冻过程引起的负面物理变化的能力。淀粉凝胶在冻藏过程中由于冰晶的形成和增长，使得淀粉凝胶在解冻过程中发生析水现象，即水分从淀粉凝胶的网络结构中析出。淀粉凝胶的冻融稳定性通常用析水率来表示，主要是通过称量淀粉凝胶离心后分离出的水的质量与淀粉凝胶质量的比值来计算。

张丽芳等人通过对淮山药的冻融稳定性进行分析，发现淮山药淀粉糊浓度越高的析水率越小，冻融稳定性越好。总的来说，淮山药淀粉糊的冻融稳定性较好。在冷冻食品淀粉糊的应用中，可能需要经多次反复的冷冻、解冻，若淀粉糊的冻融稳定性差，淀粉的胶体结构被破坏，持水性下降，严重影响其品质。淮山药淀粉的冻融稳定性好，可以用于冷冻食品的加工制作中反映糊化的难易程度，说明淮山药淀粉在糊化过程中耗能低，需要的热量少。

李彬等人通过对山药淀粉冻融稳定性进行考察，得到淀粉糊析水率为48.2%，并且发现在加热过程中，淀粉粒发生膨胀，释放出线性的直链淀粉分子，通过交联作用在整个体系中形成具有三维网状结构的连续相，而淀粉粒中未释放的直链淀粉则构成分散相。低温环境下，直链淀粉分子会发生重排而形成三维网络结构，支链淀粉会填充在网络中。通常直链淀粉含量高的淀粉较易老化，并且冻融稳定性差，冻融一次就会析出水分。山药淀粉凝胶冻融一次后就析出了大部分的水分，说明其冻融稳定性较差。李昌文等人对山药淀粉的冻融性有一定的研究，他们通过考察氯化钠浓度、蔗糖浓度、单甘酯浓度对山药淀粉冻融稳定性的影响，发现氯化钠、蔗糖、单甘酯对山药淀粉的冻融稳定性有促进作用。为山药淀粉在食品工业中的应用提供了理论依据。

（三）山药淀粉糊凝胶强度

对食品质构分析评价最基本、最普通的是感官评价，但因个人主观性，使其具有一定的偏差。质构仪是近年来发展形成的用来研究固体或半固体质地特性的分析仪器。这种方法是通过模拟人体的咀嚼模式，避免了由于人的喜好而造成的限制，以此获得表达淀粉凝胶强度的物理性指标。它可以测定硬度、黏性、咀嚼性等指标。

在食品加工中，应用淀粉的凝胶特性，可以将淀粉制备成凉粉、搅团、粉条等食品。而淀粉凝胶应用形式的选择主要取决于淀粉的凝胶特性。通常直链淀粉分子越小，含量越高，形成的凝胶的强度就会越大。支链淀粉分子越小，分支化程度越高，空间位阻越小，形成的凝胶强度就会越大。另外直链淀粉的质量分数、支链淀粉的结构以及不同的处理条件对淀粉的凝胶特性的影响较大，酸、碱、蔗糖和氯化钠对淀粉凝胶质构的影响因淀粉品种和添加浓度的不同而存在很大的差异。有研究表明山药淀粉的凝胶强度略低于马铃薯淀粉的凝胶强度，可能跟淀粉的种类不同有很大的关系。

（四）山药淀粉的结晶特性

目前对山药淀粉的结晶特性研究较少，其中王丽霞等人通过对长山山药的结晶结构做了相应的研究，他们通过对淀粉颗粒进行 X 射线衍射，将其划分成 A、B、C 3 种类型，其中 C 型普遍认为是 A 型与 B 型的混合物。山药淀粉具有一定的结晶结构，其中衍射角 $2\theta = 17.28°$ 与 A 型谷物类淀粉相似，而 $2\theta = 22.96°$ 又与 B 型淀粉相似。此外还有其他较为明显的峰型。因此，山药淀粉的结晶结构属于 A 型与 B 型的混合，即为 C 型。

（五）淀粉的热焓特性

张丽芳等人通过采用差示扫描量热分析（DSC）对淮山药的热特性进行了分析。淮山药淀粉的糊化过程是一个放热反应，在 $67.4 \sim 87.8℃$ 出现了一个放热峰，糊化的温度范围反映出淀粉颗粒的种类与异质性。由于淀粉分子大小、形状、直链淀粉与支链淀粉比例的不同，导致各自的热力学特性上的差异性。有关文献报道，玉米淀粉有两个吸热峰，分别出现在 78℃ 支链淀粉的特征峰与 150℃ 直链淀粉的特征峰，这是因为淀粉中直支链淀粉的比例差别大。淮山药的初始糊化温度 T_0 与峰值温度 T_p 分别为 67.4℃ 和 74.8℃，这是由淀粉颗粒结构和直链淀粉含量所决定的。其淀粉具有较低的糊化焓 AH 为 12.53J/g，它是表示淀粉在糊化过程中的热量。

四、淀粉糊化特性

（一）不同淀粉样品的糊化特性

不同淀粉的糊化特性差异性较大，有研究表明，山药淀粉的起糊温度（81.4℃）明显高于马铃薯淀粉（63.0℃）和玉米淀粉（78.6℃）。这可能与山药淀粉中含有较多直链淀粉、直链淀粉 – 脂质复合物有关；另外，山药淀粉颗粒的刚性、分子键间较强的作用力都会导致较高起糊温度。与对照相比，在高温保温段（93℃），山药淀粉糊的黏度几乎没有变化，破损值最低，表现出很好的热糊稳定性和抗剪切能力。山药淀粉峰值黏度、最终黏度高于玉米淀粉，而明显低于马铃薯淀粉。山药淀粉糊回生值低于玉米淀粉和马铃薯淀粉。

这与淀粉颗粒的润胀能力、刚性、直/支链淀粉比例有关。淀粉颗粒的润胀能力越大，淀粉颗粒在糊化过程中所占据的空间就越大，颗粒之间的相互摩擦力增大，淀粉糊的黏度就会增高。此外，淀粉颗粒的刚性程度也直接决定了糊黏度，淀粉颗粒的刚性越大，淀粉糊黏度越大。淀粉分子之间的相互作用力越大，淀粉的糊黏度就越低。淀粉中支链淀粉含量越大，黏度越大。

（二）淀粉质量分数对山药淀粉糊化特性的影响

淀粉的质量分数对山药淀粉的糊化特性也有一定的影响。淀粉乳质量分数变化不会改变淀粉的黏度曲线类型，而仅改变其糊化黏度特征值。随着淀粉乳质量分数的增加，除起糊温度没有明显变化外，其余各特征值均有所升高，淀粉糊的热稳定性、冷稳定性变差。这主要是因为随着淀粉质量分数的增大，淀粉糊中淀粉颗粒数目增多，增加了颗粒之间、颗粒与搅拌子之间相互作用机会，从而引起淀粉糊的黏度特征值明显变化。

（三）pH 值对山药淀粉糊化特性影响

体系 pH 值对山药淀粉糊化特性有影响。在酸性或碱性条件下，体系起糊温度低于中性条件。在 pH 值 2.0 时，山药淀粉的峰值黏度、最终黏度、回生值均低于中性条件，而破损值明显高于中性条件，这与淀粉在高温、高酸性条件下发生水解生成短链分子而引起体系黏度下降有关。在碱性的条件下，山药淀粉的峰值黏度、最终黏度升高，热稳定性、冷稳定性降低，凝胶性增强。这与碱促进淀粉糊化有必然关系。

（四）蔗糖对山药淀粉糊化特性影响

蔗糖对山药淀粉的糊化特性也有一定的影响，有文献报道，随着蔗糖添加量的增加，起糊温度有所上升，糊的热稳定性增强，冷稳定性减弱，这与蔗糖分子中有多个羟基，易溶于水，使淀粉乳中的淀粉颗粒吸水膨胀的机会减少，颗粒膨胀受到阻碍有关。另外，由于蔗糖可以使水中各种成分的活动性减弱，导致水和体系中其他成分的相互作用减小。

（五）NaCl 和 Na_2CO_3 对山药淀粉糊化特性影响

NaCl 对山药淀粉糊化特性的影响通过微型黏度糊化仪来测定，发现 NaCl 的添加量对山药淀粉的糊化黏度特性影响很大。随着 NaCl 加量的增大，体系起糊温度明显升高，峰值黏度、破损值、最终黏度以及回生值呈显著下降，表明体系中的淀粉颗粒难以润胀糊化，淀粉糊黏度下降，糊的热稳定性、冷稳定性增强，回生速度减慢。分析原因，可能由于 NaCl 是一种强电解质，在水中可完全电离成 Na^+ 和 Cl^-，这两种离子的存在会影响体系中水分子和淀粉分子之间的相互作用，阻碍淀粉的糊化过程。此外，NaCl 中的 Na^+ 还可以与淀粉颗

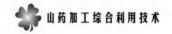

粒中的羟基发生作用，导致淀粉糊化性质发生变化。加入 NaCl 可以改善山药淀粉糊的热稳定性和抗老化性能。Na_2CO_3 对山药淀粉糊化特性的影响用同样的方法来测定，发现加入 Na_2CO_3 后，淀粉的起糊温度有所变化，峰值黏度、最终黏度以及回生值呈现明显的上升趋势，糊的冷稳定性降低，热稳定性增强，抗剪切能力提高。

第四节 山药淀粉的改性

一、淀粉改性

天然淀粉经过适当化学处理，引入某些化学基团使分子结构及理化性质发生变化，生成淀粉衍生物。淀粉是一种多糖类物质。未改性的淀粉结构通常有两种：直链淀粉和支链淀粉，是聚合的多糖类物质。通常因为水溶性差，故往往是采用改性淀粉，即水溶性淀粉。可溶性淀粉是经不同方法处理得到的一类改性淀粉衍生物，不溶于冷水、乙醇和乙醚，溶于或分散于沸水中，形成胶体溶液或乳状液体。

（一）淀粉改性的方法

淀粉改性的方法有许多种，主要的处理方法有物理改性、化学改性、生物改性、复合改性等。

1. 物理改性

淀粉的物理改性是指通过热、机械力、物理场等物理手段对淀粉进行改性。淀粉的物理改性主要有热液处理、微波处理、电离放射线处理、超声波处理、球磨处理、挤压处理等。微波处理在食品工业中有较多的应用，是物理改性淀粉的一个重要方法。淀粉接枝共聚物合成的高吸水性树脂具有强的吸水性和保水性，用途非常广泛，而微波辐射法与传统加热法制备淀粉接枝共聚高吸水树脂相比，可明显缩短反应时间、简化工艺和降低成本，具有显著的优势和良好的发展前景。采用物理方法改性淀粉，仅是涉及水、热等天然的资源，不会对环境造成污染，且产品的安全性比化学改性的高，可以作为清洁生产和绿色食品加工的重要资源，应用前景十分广阔。

2. 化学改性

淀粉的微观结构是以葡萄糖基组成的淀粉大分子环式结构，淀粉分子中具有数目较多的醇羟基，能与众多的化学试剂反应生成各种类型的改性淀粉。通常，淀粉的化学改性有酸水解、氧化、醚化、酯化和交联等。化学法是淀粉改性应用最广的方法。酸水解广泛应用于淀粉工业，Jianmin Man 等在 2.2mol/L HCl 条件下酸解高直链转基因大米淀粉，在酸水解过程中，起始阶段糊化温度降低，水解高峰期和最后阶段水解温度上升，吸热值随着酸水解先增加后降低，高直链转基因大米淀粉的膨胀力和溶解度都增加。淀粉羟丙基化是淀粉醚化的一种形式，羟丙基化淀粉可以减少淀粉的降解，改变淀粉的糊化温度、糊黏度等特性。Olayide S. Lawal 等研究发现，龙爪稷淀粉经过羟丙基改性后，提高了淀粉的自由膨胀能力、摩尔取代度，降低了浊度、脱水收缩百分率和降解率。交联和酯化常被用来改性天然淀粉，特别是用于生产低水敏感材料。酯化可以通过羟基取代赋予淀粉产品疏水性，交联处理的目的是在淀粉颗粒的随机位置增加分子内部和分子间的联系，同时由于能够增加淀粉结构中交联的密度，交联处理也能够用于限制水分的吸收。

3. 生物改性

生物改性是指用各种酶处理淀粉，如环状糊精、麦芽糊精、直链淀粉等都是采用酶法处理得到的改性淀粉。酶法改性条件温和，环保无污染，得到的改性淀粉健康卫生，作为食品易于被人体消化吸收且具有特殊的生理功能。采用中温—淀粉酶和糖化酶对大蕉淀粉进行酶解，能够保留大蕉淀粉中的抗性淀粉，对非抗性淀粉进行改性，使得改性后的淀粉颗粒出现孔洞，颗粒形态更加圆滑，粒径有所减小，且分布较为均匀。Sakina Khatoon 等用淀粉酶处理淀粉，制得具有低葡萄糖值的淀粉水解物，且在部分水解的淀粉中有宽分子量分布的低聚糖存在，这些低聚糖可以赋予脂肪替代品所需的功能特性。

4. 复合改性

复合改性淀粉是指用两种或者两种以上处理方法得到的改性淀粉，它具有两种或两种以上改性淀粉各自性能的优点。淀粉薄膜被广泛用于食品包装中，单独使用交联或酯化改性原淀粉能提高原淀粉薄膜差的脆性和机械强度，但是却时常满足不了我们对淀粉薄膜在某些特定情况所需的性能，而复合改性综合两种改性方式的优点，平衡改性膜的应用性能，拓宽了淀粉薄膜在食品包装中的应用范围。锌是人体不可缺少的矿物质，而很多锌的衍生物吸收率低，且会刺激胃，所以最近几年许多研究都开始关注淀粉锌配合物的合成。用酶法和化学法可以用于制备淀粉锌配合物，有研究表明，在淀粉酶和葡糖淀粉酶的水解条件下，木薯淀粉和乙酸锌反应生成淀粉—锌配合物，既不会引起人体不良反应，又能较好地达到补锌的目的。

（二）改性淀粉的用途

改性淀粉具有许多产品的质构特性，被广泛应用在食品工业中，作为增稠剂、稳定剂、胶凝剂、黏结剂等。粮食是最基本的生活资料，改性淀粉在食品工业有着举足轻重的地位。人们对食品的种类、营养、健康等要求显著增强，在食品工业中，改性淀粉正向着产品品种多样、规格齐全、安全、健康、营养、低脂、生态等方向发展。饮食上人们越来越重视低脂肪饮食和提高复杂的碳水化合物的摄入量。Hyun-Jung Chung 等研究发现，体外消化率和血糖指数上都会发生改变，抗性淀粉含量明显增加，慢消化淀粉的含量减少，快速消化淀粉含量明显降低，这样能够降低人体血糖上升的速率。方便面在市场上的需求量很大，但是用原淀粉产品缺乏稳定性，且油炸及高脂肪含量影响食品的质量及人们的健康。研究发现，乙酰化马铃薯淀粉既提高了方便面的硬度又不会显著地影响凝聚力值，并且它可以部分替代用于生产方便面的低蛋白小麦面粉，减少脂肪的摄取。酶改性淀粉可以较好地应用于食品工业，将酶改性羧甲基淀粉应用于香肠中，发现羧甲基淀粉在香肠中能够增加保水能力和乳化稳定性，是香肠理想的脂肪替代品。改性淀粉在面包中也有较好的应用，能降低面包的恶化率，提高口感，生产出具有特定性质的面包食谱。有研究将改性淀粉乙酰化己二酸双淀粉和羟丙基二淀粉磷酸酯应用在无麸质面包中，发现其体积和弹性明显增加，使烘焙制品保持柔软蓬松。改性淀粉在乳液体系中对系统的稳定性、黏度及降低表面张力的能力等都是很重要的。Krystyna Prochaska 等研究表明，淀粉的改性在乳液体系中可以影响表面活性及可作为增稠剂，且研究发现，辛烯基琥珀酸淀粉钠对于降低表面张力的效率很高，能很好地运用于食品工业中。

1. 医药

淀粉在医药方面具有较好的应用，但是其应用常受到淀粉溶胀性能、溶解性能、凝胶作用、流变学性能、机械性能和被酶消化的特征等的影响，通过改性后能够改善原淀粉的不足。用眼药水治疗眼部疾病时，角膜上皮由于低的透气性而对药物的吸收率较少，且剩余的药液可能会引起副作用。A. P. Vieira 等用甲基丙烯酸 2-异氰酸酯改性淀粉，得到含有氨基甲酸乙酯键和碳—碳双键的聚合物，可以减少药物损失，使患者找到了一种可以长久持续控制的新药物。姜黄素具有抗氧化、抗炎和抗癌作用，然而它的水溶解度和生物利用性却非常低，且在体内会被快速地降解和排泄。Hailong Yu 等研究表明，疏水改性淀粉可以形成胶团并将姜黄素装入胶囊中，提高姜黄素的溶解度和体外抗肿瘤的活性。大多数用于药物的表面活性剂会扰乱人体正常的膜结构，导致细胞的毒性。Martin Kuentz 等研究用辛烯基琥珀酸酯改性淀粉得到具有优良技术性能的无表面活性剂的药物悬浮液，以充分润湿药物，提高溶解度和性能。可降解淀粉微球用于局部止血，但不能用于大出血时的止血，而经过化学改性的可降解淀粉微球可以刺激凝血的活化和触发体外血小板的结合，从而提高其在止血应用上的范围。改性淀粉在药物方面具有重大的应用，它可以改善一些药物溶解性、流动性能和压缩性等，提高人体对药物的吸收，减少药物的副作用。也可以通过改性淀粉研制出一些新型的药物，这对于一些疑难杂症的治愈有重要贡献。医药关系着国民的健康、社会的稳定和经济的发展，改性淀粉在医学上具有重大应用价值和发展潜力。

2. 水处理

淀粉及其衍生物因为来源广，价格便宜，对环境安全等优点，成为污水处理的重要物质，而改性淀粉较天然淀粉具有更优越的性能，是一种很有发展前途的新型水处理剂。阳离子型淀粉衍生物絮凝剂无毒，易降解，可以与水中微粒起电荷中和及吸附架桥作用，常被用来处理携带有负电荷的污水。絮凝剂阳离子淀粉醚，二（二乙氨基）均三嗪有高的絮凝剂能力，对阴离子染料废水的脱色率高，对酸性染料的絮凝能力高效，且对于有色废水处理，该絮凝剂可循环再利用。在许多研究中以（环氧丙基）三甲基氯化铵为醚化剂引入到淀粉骨架上，合成一系列阳离子型淀粉衍生物絮凝剂，这些阳离子型淀粉衍生物絮凝剂都具有良好的絮凝效果。阴离子型淀粉絮凝剂也能用于污水处理，它与重金属离子生成难溶物沉淀，从水中去除重金属离子。阴离子型淀粉醚曾在日本、美国、德国等多个国家引起过相当的重视，得到了多种改性淀粉絮凝剂。许多污水中同时含有正负电荷的悬浮颗粒与胶体，因此用两性改性淀粉絮凝剂处理污水常比单使用一种离子型絮凝剂更有效。Hui Song 等合成了一种两性淀粉聚丙烯酰胺接枝共聚物，此两性接枝共聚物对于多种工业废水的处理效果特别好。就改性淀粉絮凝剂而言，非离子型絮凝剂生产成本低，但由于不具有电中和性能，絮凝效果并不令人满意；阴离子型絮凝剂主要用于吸附重金属离子，功能相对单一；两性絮凝剂虽然效果显著，但是生产工艺复杂，成本很高，我们应该看到，当前改性淀粉絮凝剂的功能还不如传统无机絮凝剂全面，在实际应用中仍存在一些不足，尤其是对水处理工艺的研究较少，且许多产品还没有及时转化为实际应用。所以，今后我们需要进一步提高改性淀粉絮凝剂的絮凝性能，加强实际工艺的研究，充分考虑到影响絮凝剂对废水处理效果的因素。

3. 造纸工业

淀粉分子结构与造纸纤维原料中纤维分子的结构极其相似，加之来源广、价格低廉、对环境污染小等优点，被广泛应用于造纸工业中。造纸工业上常用的改性淀粉有：氧化淀粉、阳离子淀粉、阴离子淀粉、磷酸酯淀粉和双醛淀粉等。淀粉经过改性后，能赋予纸张优异的性能，改性淀粉用量大，是一种极为重要的造纸化学品，其用量占造纸精细化学品总量的比例较大。我国是一个造纸大国，改性淀粉在造纸工业中占有重要的位置且有巨大应用发展潜力。

阳离子淀粉对于纤维、填料及其他阴离子性物质具有强烈的吸附性，可作为湿部添加剂，有助于提高细小纤维和填料的留着，加速纸料的滤水和提高纸页强度，因而能有效提高纸机车速，提高产品质量、降低成本。它还可作为合成施胶剂的助留剂，使胶料留着于纤维上而取得良好的施胶效果，特别对于碱性施胶剂，烷基烯酮二聚体和烯基琥珀酸酐与阳离子淀粉一起使用，能够起到助留剂及乳液稳定剂的作用。淀粉在碱性条件下与辛烯基琥珀酸酐进行酯化反应而制得辛烯基琥珀酸淀粉钠，在造纸工业中有很大的用途。能提高退浆能力和赋予纸张很强的抗水性。使用氧化剂过氧化氢将淀粉氧化降解，再通过乙酰基酯化反应和己二酸交联来稳定淀粉，此改性淀粉可用来在纸的表面施胶中作为结合剂，以及作为涂覆糊剂和染料的结合剂，从而使纸张具有抗掉粉、掉毛、起泡等缺点。淀粉与一些磷酸盐起酯化反应，可制得磷酸酯淀粉，它可用于纸页表面施胶，能够改善纸张的平滑度，提高成膜性能。

4. 铸造业

铸造用黏结剂可分为无机、有机两大类。一些无机和有机黏结剂在铸造业的应用中存在严重缺点，比如呋喃树脂，它的成本高，延展性低，对环境有严重的污染，作为铸造黏合剂并不是很理想。淀粉是一种无污染、低成本的黏合剂，铸造工业中常直接采用淀粉或淀粉制成的糊精等形式做型芯砂的辅料或涂料黏结剂。但是，淀粉直接作黏结剂型黏结性低，而糊精的加入量大，型芯砂极易粘模，并且吸湿严重，因此，必须对淀粉进行适当的改性处理，改进其黏结性能和吸湿性能等。以羧甲基淀粉为黏结剂，并添加少量物质合成蕊砂，它比用呋喃树脂的成本低，且无污染下使得铸件具有更好的内部表面质量。马铃薯来源广泛，再生性强，也可以作为一种天然的水溶性高分子黏结剂。于文斌等制备出的改性马铃薯淀粉黏结剂具有较好的干拉强度、溃散性和抗吸湿性，适用于铸铁、铸钢和有色金属等各种铸件，能代替部分油砂、水玻璃砂和自硬树脂砂等制造型芯，并可以在一般湿度条件下正常使用。改性淀粉黏结剂较传统的无机黏结剂和一些有机黏结剂价格低、来源广、对环境污染小、延展性大，黏结性能强、吸湿性能低，且又能改进原淀粉黏结剂的不足，是铸造业具有远大发展前景的黏结剂。

5. 包装材料

大量废弃的塑料包装制品因其不可降解性而带来了"白色污染"的困扰。而淀粉来源广泛，品种多，成本低廉，且能在自然环境下完全降解，不会对环境造成任何污染，因而淀粉基降解塑料能够较好地应用于包装材料上。淀粉基生物降解塑料分为生物破坏性降解塑料和全生物降解塑料，前者主要是指将淀粉与不可降解树脂共混，后者则包括：热塑性淀粉塑料、淀粉可降解聚合物共混物和淀粉天然高分子共混物。原淀粉基薄膜对环境的湿度比较敏感，而乙酰化淀粉薄膜具有较好的水汽屏障性能和机械特性，添加到原淀粉基薄膜中能显著增加薄膜的热封性能，但是这种薄膜价格比较高。Olivia V. Lpez 等的研究表明，将原玉米淀粉和乙酰化玉米淀粉混合制成的薄膜既能降低价格，又能显著提高薄膜的热封性能，提高薄膜在包装上的应用性能。淀粉—聚乙烯醇共混塑料薄膜由于耐水性和机械性能较差，一定程度上影响了其在包装材料上的应用。HanGuo Xiong 等将纳米 SiO_2 添加到淀粉—聚乙烯醇共混塑料薄膜中，薄膜的吸水率降低了 70%，机械性能、透光率和耐水性均显著提高，生物降解性达到了 ISO 148551999 的要求。破坏性生物降解塑料，对环境污染的问题未能根除，而全生物降解塑料能迅速降解，产品也满足基本的机械性能要求，但是它们在潮湿的环境下稳定性差，很难控制降解时间，且其生产工艺复杂，成本高，大面积推广使用困难。因次，如何开发成本更低、对环境污染更小的淀粉基生物降解塑料是一个十分重要的课题。

（三）现状和前景

改性淀粉在淀粉原有性质的基础上根据需要，通过不同的途径改变淀粉的天然性质，增加了一些功能特性或引进了新的特性，从而大大增加了淀粉的使用范围，被广泛应用于食品工业、医药、水处理、造纸工业、铸造业、包装材料等领域，在工业应用中占有重要的位置。开发淀粉资源，生产具有多种用途的改性淀粉已成为我国工业的重要组成部分。

从 19 世纪中叶开始，改性淀粉工业的发展已有 160 多年的历史，在近 30 年中，改性淀粉的种类不断增加，应用范围也不断扩大，改性淀粉的年产量近 600 万 t，主要集中在欧美等发达国家。我国幅员辽阔，淀粉作物品种多，是淀粉的生产大国，改性淀粉在我国已得到了快速的发展，并形成了一定的规模。但是，我国无论是从产量、品种，还是质量和应用范围等方面与发达国家相比，都存在着较大差距。我国淀粉改性技术落后，一方面国内淀粉产品过剩、销路不畅；另一方面又须从国外进口高质量的改性淀粉。这种现象引起了我国淀粉科技工作者的高度重视，提高淀粉改性技术，丰富改性淀粉种类，增强改性淀粉的质量和功能，降低生产成本，减少污染，从整体上提高我国在改性淀粉领域的水平，从而缩小与世界先进水平的差距。改性淀粉今后的发展趋势将趋于生产高吸液材料的接枝共聚淀粉，以淀粉为基料的脂肪替代品，发展生物降解塑料及淀粉黏合剂的开发等方向发展。同时品种多样化、功能复合化的改性淀粉及比单一改性产品具有更优越的使用性能的两性淀粉和多元改性淀粉也将受到青睐。

二、抗性淀粉

（一）定义与分类

长期以来，人们一直认为淀粉能够完全的消化、吸收。然而，1985 年，AOAC 酶-重力法定量测定膳食纤维时，发现有不溶性膳食纤维包裹着淀粉颗粒。Englyst 等人将这部分物质定义为抗性淀粉（Resistent starch）。1993 年，欧洲抗性淀粉协会 EUREST 定义抗性淀粉为：健康人体小肠无法消化吸收的淀粉和淀粉分解物的总称。目前抗性淀粉分为主要的四大类。

RS1：物理包埋淀粉颗粒。指淀粉颗粒外包膜如细胞壁或蛋白质，使得淀粉酶不易接近而产生抗酶解性。例如完整或部分磨碎颗粒的谷类和种子。此类淀粉会因饮食咀嚼和加工过程而改变含量。

RS2：抗性淀粉颗粒。指具有抗性的淀粉颗粒及未糊化的淀粉颗粒，这类淀粉常存在于未成熟的香蕉淀粉和高直链玉米淀粉中。

RS3：回生淀粉。指糊化后的淀粉在贮存过程中发生重结晶，通常存在于冷米饭、绿豆粉丝中。

RS4：化学改性淀粉。通过物理或是化学改性后，引起一些官能团和分子结构变化而衍生的抗性淀粉片段，如羟丙基淀粉、交联淀粉等。一般归到化学改性淀粉。

（二）抗性淀粉的制备方法

近年来，国外对有关抗性淀粉的研究相当活跃，已有少数产品进入市场。而我国对抗性淀粉的研究相对较少。目前抗性淀粉的制备方法有：热处理法、脱支处理法、微波处理法、挤压处理法和蒸汽加热法等。其中应用最为普遍的是热液处理法。

按照处理温度和含水量的不同，可将热处理法分为湿热法、压热法和初化处理。含水量小于 35%、80～160℃的条件下为湿热处理；压热法是指在一定温度和压力下，含水量小于 40%的处理方式；初化则是指在糊化温度以下，含水量大于 40%的处理方式。

（三）抗性淀粉的测定方法和评价

抗性淀粉的测定方法很多。根据测定原理的不同，分成直接法和间接法；根据操作环境不同，分为体内法和体外法；根据使用 a-淀粉酶的不同，分为耐高温 a-淀粉酶法（Temperature stable α-amylase，TSA）和膜腺 α 淀粉酶法（Pig Pancreasα-amylase，PPA）。

直接法最早由 Englyst 等提出，通过除去可消化淀粉后，将余下的抗性淀粉溶解于 KOH 或二甲基亚砜（DMSO）溶液中，利用酶法获得葡萄糖残基，并测定葡萄糖的量。间接法是分别测定淀粉总量和可消化淀粉量，利用二者的差值，但此方法测定复杂，且结果不可靠。

Goni 等在 Beery 方法上做了改进，发展了一种直接测定方法。该方法模拟人体的胃肠功能，既可测量抗性淀粉含量高的样品，也可测定抗性淀粉含量小于 1%的样品。此方法几乎包括除蛋白质、可消化可溶性淀粉、酶水解等步骤，较 Englyst 方法重现性好、成本低。抗性淀粉的最新体外分析方法是由 McCleay 实验室在具体研究多种细节方法后，综合得出的。该方法已获得美国谷物化学协会（American Association of Cereal Chemists）的承认，并成为美国分析化学家协会（Association of Official Analytical Chemists）批准的"首选方法"。

（四）抗性淀粉的生理功能

抗性淀粉是多糖类物质，能不发生变化地直接通过小肠进入大肠，发酵成短链脂肪酸或其他产物。

1. 抗性淀粉对糖代谢的影响

国内外关于抗性淀粉对血糖值和胰岛素水平的影响做了大量研究。Robertson 等研究发现，高抗性淀粉饮食可明显降低餐后血糖、胰岛素反应，增加胰岛素敏感性，这对 2 型糖尿病患者可起延缓餐后血糖上升，控制糖尿病病情的作用。Yamada 研究指出，食用含 RS 的面包后，人体的血糖浓度和胰岛素水平没有明显升高，而食用不含 RS 的面包后，人体的血糖浓度和胰岛素水平有明显升高，因此可以把 RS 作为治疗糖尿病的辅助手段。王竹、杨月欣等人利用天然稳定同位素技术，研究了抗性淀粉吸收代谢的特点及对血糖的调节作用，证明 RS 具有吸收慢的代谢特点，对调节血糖稳态、减低餐后胰岛素分泌、增强胰岛素敏感性有一定作用，并初步论述了 RS 对餐后体内葡萄糖转运的影响，综合其他研究成果，预示 RS 可能对预防慢性疾病的发生、减少餐后组织负荷有益。丁玉琴等人对 2 型糖尿病大鼠血糖血脂水平与抗性淀粉的相关性进行研究，表明抗性淀粉能降低 2 型糖尿病大鼠血糖血脂和尿素氮，提示

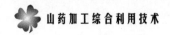

抗性淀粉具有减轻糖尿病症状的作用并可能有保护肾脏功能的作用。

2. 抗性淀粉对脂代谢的影响

抗性淀粉对血清胆固醇和甘油三酯水平的影响近年来国外研究报道较多。Jocaro 等分别用生马铃薯淀粉 RS2 和马铃薯老化淀粉 RS3 及纤维素饲喂大鼠，结果发现：与纤维素组大鼠相比，RS2 组大鼠和 RS3 组大鼠的日总粪固醇排泄量大大增加，并且 RS3 组大鼠的日总粪固醇排泄量几乎是纤维素组的 2 倍，与纤维素组大鼠相比达到了极显著差异，进一步提示了抗性淀粉是通过增加粪固醇的排泄量来达到降脂目的。Hsing Hsien Cheng 用大米抗性淀粉饲喂大鼠，试验结果表明，大米抗性淀粉具有良好的降低血中总胆固醇和甘油三酯的作用；同时，血清中的丙酸含量与抗性淀粉的摄入量呈正相关。因此，有学者认为，丙酸具有较好的调节脂类代谢作用，RS 降低 CT 和 ATG 的机理可能与丙酸有关。Martinez 等通过研究高纤维成分的食物对大鼠血脂和脂蛋白的影响表明，与不含纤维的木薯淀粉食物相比，含有抗性淀粉或者燕麦纤维的木薯淀粉食物具有低胆固醇的性质，明显地降低了血清和肝中的总胆固醇水平。对于低密度及极低密度脂蛋白而言，含纤维成分的膳食增加了高密度脂蛋白所占的比率，这是很重要的，因为它能够降低冠心病的发病率。Martinez 等研究了不同来源的淀粉对仔猪血糖、乙酸和胰岛素反应的影响，发现抗性淀粉降低了脂肪组织而不是肌肉组织中脂肪的形成。

抗性淀粉对体重的控制来自两方面：一方面增加脂质排泄，减少热量摄取；另一方面抗性淀粉在小肠中不消化吸收，不会给人体增加热量，而且饱腹作用较为持久，进而能收到节食瘦身的效果。

3. 抗性淀粉对肠道代谢的影响

（1）抗性淀粉与肠机能失调及结肠癌发病率。

抗性淀粉在小肠中不被吸收，能在大肠中被细菌发酵分解，产物主要是一些气体和短链脂肪酸。气体能使粪便变得疏松，增加其体积，这对于预防便秘、盲肠炎、痔疮、肠憩室病、肛门—直肠机能失调等肠道疾病具有重要意义。短链脂肪酸主要是丁酸、丙酸、乙酸等，能降低大肠内 pH 值，减少结肠癌发病率，抑制致病菌的生长、繁殖，具有重要的生理学效应。研究发现抗性淀粉的发酵产物以丁酸和 CO_2 为主，而丁酸与直肠癌的防治密切相关，它可以控制体内肿瘤细胞的阶段性生长繁殖，改变某些致癌基因或它们产物的表达，诱导肿瘤细胞凋亡，阻止结肠 NDA 损伤。

（2）抗性淀粉对肠道菌群的影响。

抗性淀粉能促进肠道有益菌丛的生长、繁殖，是双歧杆菌、乳酸菌等益生菌的增殖因子。Le Leu 研究证明，抗性淀粉和双歧杆菌的复合配方能促进致癌剂引起的小鼠结肠损伤细胞凋亡。Queiroz-Monici 认为抗性淀粉对小鼠肠内的微生物菌群具有益生保护作用。何梅等对抗性淀粉对大鼠肠道菌群的影响进行了研究，发现抗性淀粉可明显改善机体的肠道菌群，并增加其酵解产物 SC-FA，降低肠道 pH 值，从而发挥对机体的保健作用。

（3）抗性淀粉与维生素、矿物质吸收。

现代研究发现，膳食纤维对食品中的矿物质、维生素的吸收有阻碍作用，主要是因为膳食纤维含量高的饮食，其植酸含量也较高，而抗性淀粉不含植酸，避免了膳食纤维的上述弊端。王竹等研究了抗性淀粉对大鼠锌营养状况的影响，认为抗性淀粉不影响正常大鼠锌表观吸收率，却可通过调节血糖维持高糖饮食大鼠锌营养状况。Yonekura 等调查了锌、植酸、抗性淀粉对大鼠锌生物利用率的影响，发现抗性淀粉可增加小肠中不吸收锌向盲肠的流入，盲肠中抗性淀粉发酵产生的低 pH 值促进了锌生物利用率的增加。

三、山药原淀粉与抗性淀粉理化性质的比较

山药淀粉具有黏度热稳定性高、易糊化、凝胶强度大、吸水膨胀性强等特性。虽然与其他来源的淀粉相比，山药淀粉在理化性质上有一定的优势，但由于缺乏乳化能力、持水性差、易老化、耐机械性差等不足，限制了其应用的范围。因此，通过物理或者化学的方法进行改性，使之应用于实际中更有意义。抗性淀粉具有不溶于水、淀粉糊的黏度热稳定性高等特性，目前对抗性淀粉的研究大多集中于制备工艺，对理化性质的研究还不够深入。关于山药淀粉与山药 RS 理化性质的比较更是鲜有报道。有研究以南城山药为原料，利用扫描电镜、红外吸收光谱、X-射线衍射、DSC 等现代分析技术，对山药淀粉与山药抗性淀粉的结构和性质进行比较分析，初步探讨二者性质的差异，为山药淀粉与山药抗性淀粉的应用提供了理论依据。

通过比较山药原淀粉和山药抗性淀粉，发现：①山药原淀粉颗粒以圆形、卵圆形为主，颗粒表面较为光滑，没有凹陷或裂缝；山药 RS 表面粗糙褶皱，为不规则形或多角形；山药原淀粉在衍射角 2θ 为 5.59°、17.05°、19.73°、23.32°呈现强的衍射峰，晶体类型属于 C 型。山药 RS 的晶体结构发生变化，在衍射角 2θ 为 5.58°、11.00°、175.07°、17.06°、21.88°出现强的衍射峰。②山药原淀粉最大吸收波长为 610nm，山药 RS 的最大吸收波长为 618nm，均大于支链淀粉的最大吸收波长，且小于直链淀粉的最大吸收波长；原淀粉经压热处理后形成的 RS 结构基本相似，没有生成新的基团，说明压热法制备山药

RS 主要发生物理变化，但山药 RS 缺失 D-吡喃葡萄糖的Ⅰ、Ⅲ型吸收带，说明 D-吡喃结构特征被破坏。③山药原淀粉与山药 RS 的溶解度随着温度的升高而增大，同一温度下，山药原淀粉的溶解度大于 RS 的溶解度；山药 RS 的膨润度小于山药原淀粉的膨润度，且随温度的升高，山药原淀粉的膨润度迅速增加，山药 RS 的膨润度缓慢增加；山药原淀粉的透明度为 51.9%，而经过压热处理后的抗性淀粉透明度降至 13.5%；山药原淀粉与 RS 的持水性变化趋势相同，即随着湿度的升高，二者的持水性都不断增加；山药原淀粉的乳化性为 24.59%，山药 RS 的乳化能力为 25.41%。④山药原淀粉糊化过程中产生了一个放热峰，山药 RS 在糊化过程中产生了一个吸热峰，山药 RS 的起糊温度、峰值温度、终止温度和糊化焓均高于原淀粉；山药原淀粉的成糊温度与峰值黏度明显高于山药 RS，山药 RS 破损值和回生值小于原淀粉，其黏度热稳定性与冷稳定性好。⑤随着剪切速率的增大，山药原淀粉和 RS 的剪切应力不断增大，山药原淀粉与 RS 为非牛顿流体中的假塑性流体，山药原淀粉易剪切稀化，山药 RS 的耐机械性好。

第三章 山药非淀粉多糖加工技术

第一节 山药多糖的提取、分离及纯化

近些年，随着生活水平的不断提高，人们的健康保健意识逐渐增强。多糖作为保健食品的主要成分已悄然兴起。山药多糖是已经公认的山药主要功能因子之一，山药多糖具有的广泛生物活性已逐渐被人们认知，其独特活性和来源的天然性在保障人体健康应用中具有很大潜力。我国山药资源丰富，应用历史悠久，具有巨大的开发前景。

朱运平等对怀山药多糖做了大量研究工作，从怀山药多糖的提取、分离纯化到结构的研究，以及体外抗氧化特性、降血糖、体外抗肿瘤功能活性等的初步探究，为我国山药物种资源的深度利用，以及山药多糖的功能活性特性与其结构之间的相关关系研究奠定了基础。

一、山药多糖的提取

植物多糖种类繁多，大部分不溶于冷水，在热水中呈黏液状，遇甲醇或乙醇能沉淀。根据植物多糖的这种特性，实验中采用的传统方法是经水或甲醇（乙醇）等有机溶剂的水溶液，利用高浓度乙醇除去原料中水溶性的单糖、低聚糖、苷类及蒽醌苷类成分。一般工艺是原料经水提、离心、醇沉、干燥得粗多糖，这是目前最为常用的方法。常用的提取方法有：热水浸提法、酸浸提法、碱浸提法和酶法。其中前3种为化学方法，酶法为生物方法。此外，在植物多糖提取的研究中有研究者在细胞破壁方面进行研究，利用超声波、微波等技术有效地提高多糖的提取率和产品质量，并缩短了反应时间。所以，在提取多糖的过程中，应根据实际情况选择提取方法，同时，也可结合几种方法，取长补短。既要勇于大胆尝试新技术、新工艺、新设备，又要注意尽可能降低成本。

朱运平等主要根据怀山药的特性，通过水提、离心、醇沉、干燥得粗多糖。最终得到怀山药粗多糖的提取率为0.1%。具体的步骤如下。

热水浸提：称取 30g 山药干粉，在料液比 1∶15，浸提温度为 65℃下，用热水浸提 2h，浸提次数为 2 次。浸提后，8 000r/min 离心 10min，取上清。上清液旋转蒸发浓缩至原溶液体积的 1/3。

乙醇沉淀：浓缩后上清液，加入无水乙醇溶液［多糖溶液∶无水乙醇（v/v）1∶4］，于 4℃放置 24h。10 000r/min 离心 15min，弃上清，收集沉淀。沉淀于通风处放置 48h，通风干燥。

除蛋白：取干燥后沉淀，用热水溶解，10 000r/min 离心 10min，取上清液。在上清液中加入 1%的中性蛋白酶，调节 pH 值至 7，40℃水浴反应 2h 后，离心除去蛋白酶，加入 savage 试剂（氯仿∶正丁醇 4∶1）除去游离蛋白。

脱色素：除蛋白后溶液，减压浓缩除去有机试剂。加入 10% H_2O_2，60℃水浴 4h，蒸发浓缩。

透析：取脱色素后多糖溶液，透析 24h。

冷冻干燥：将透析后溶液冷冻干燥，得到山药粗多糖粉末。

采用上述方法对怀山药和菜山药的多糖进行了提取。提取率分别是 0.1%和 0.2%。经过冷冻干燥后的山药多糖见图 3-1。

图 3-1 山药粗多糖冷冻干燥样品（左侧为菜山药粗多糖，右侧为怀山药粗多糖）

姜军等人对山药多糖的提取条件也做了一定的优化，提取率相对较高。可能是由于山药种类的不同，多糖的性质也会有很大差异。

二、山药多糖的分离纯化

有关山药多糖的纯化，传统方法主要是采取柱层析，具体过程分为两步，首先通过多糖所带离子电荷的差异，经过纤维素离子交换柱层析，常用的离子交换柱有 DEAE-52 纤维素等，然后根据多糖分子量的差别，将过离子柱后的多糖进行凝胶柱层析，常用的凝胶色谱柱有：SephadexG-100、DEAE-Sepha-roseCL-6B 等。除了上述的传统柱层析方法外，现今还采用过超滤法、制备型区域电泳、活性炭柱色谱等来进行山药多糖的分离纯化。通过硫酸苯酚法追踪，紫外检测器来检测出峰位置从而达到高效分离。

（一）DEAE-52 洗脱曲线

朱运平等对上述提取得到的山药多糖进行分离纯化。首先将怀山药多糖进行 DEAE-52 离子交换柱层析，结果如图 3-2 所示。

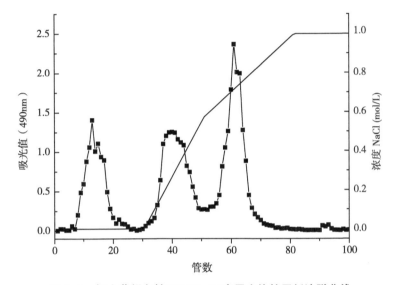

图3-2 怀山药粗多糖 DEAE-52 离子交换柱层析洗脱曲线

图 3-2 中第 0~30 管为经高纯水洗脱，后 31~100 管为 0~1mol/L NaCl 溶液线性梯度洗脱，通过硫酸苯酚法进行追踪，结果表明，经高纯水洗脱后得到一个单一洗脱峰，为怀山药中性多糖（HZ）。经 0~1mol/L NaCl 溶液线性梯度洗脱后得到两个洗脱峰，为怀山药酸性多糖（HS2-1）和怀山药酸性多糖（HS2-2）。总之，怀山药粗多糖经 DEAE-52 离子交换柱层析后总共得到 3 个多糖组分，为一个中性多糖组分和两个酸性多糖组分。

将菜山药多糖进行 DEAE-52 离子交换柱层析，结果如图 3-3 所示。

图 3-3 中第 0~35 管为经高纯水洗脱，后 36~100 管为 0~1mol/L NaCl 溶液线性梯度洗脱，通过硫酸苯酚法进行追踪，结果表明，经高纯水洗脱后得到一个单一洗脱峰，为菜山药中性多糖（CZ）。经 0~1mol/L NaCl 溶液线性梯度洗脱后并没有得到明显的洗脱峰，可以得出，菜山药粗多糖中以中性多糖为主

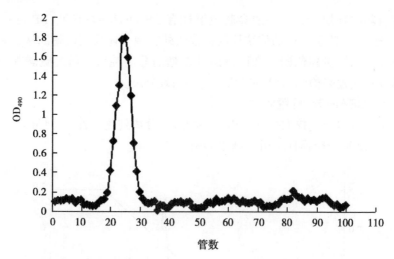

图3-3 菜山药粗多糖DEAE-52离子交换柱层析洗脱曲线

要组分，酸性多糖含量少。

（二）SePhadexG-100洗脱曲线

将经过DEAE-52离子交换柱层析的怀山药中性多糖（HZ）、怀山药酸性多糖（HS2-1）、怀山药酸性多糖（HS2-2）和菜山药中性多糖（CZ）过SePhadexG-100得到结果见图3-4。

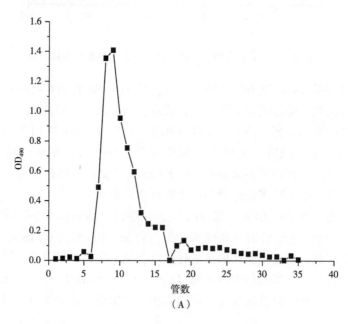

（A）

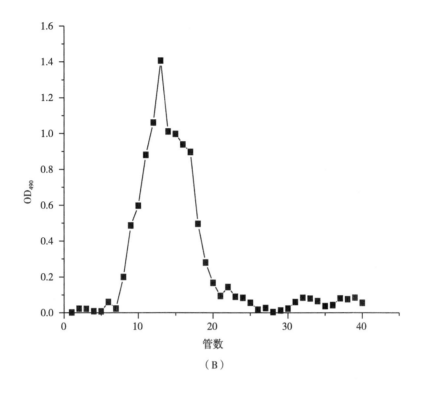

（B）

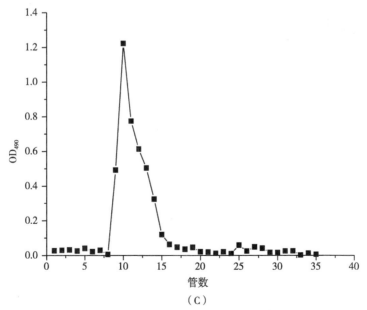

（C）

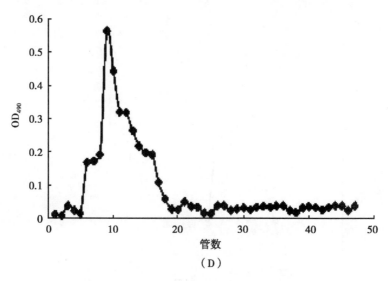

（D）

（A）：HZ；（B）：HS2-1；（C）：HS2-2；（D）：CZ

图 3-4　山药多糖的 SePhadexG-100 洗脱曲线

由于多糖的结构组成十分复杂，多糖可以是由许多分子量和链长的大分子组成的一组混合物。在分离纯化的过程中，我们通常利用分子量大小的差别，将一组链长相似、分子量相近的多糖混合物定义为多糖的纯化物。经过 SePhadexG-100 凝胶柱层析，采用硫酸苯酚法进行追踪，HZ、HS2-1、HS2-2、CZ 均为单一的组分。

（三）山药多糖的纯度鉴定

首先，经过上述步骤山药多糖过 SePhadexG-100 凝胶柱层析的洗脱曲线可以看出，各洗脱峰都为单一对称峰，由此可以初步判定，经过凝胶柱层析后得到了若干组分子量均一的山药多糖纯组分。虽然分子量均一，但无法排除其他杂质的干扰（主要为蛋白质），因此需对得到的均一纯组分经行紫外光谱扫描，以验证该均一组分中无其他杂质。得到结果见图 3-5。

由紫外光谱图可看出，经过上述步骤分离得到的各种山药纯多糖，在 260nm 和 280nm 几乎没有吸收峰，因此山药多糖纯度高，基本不含蛋白质及其他杂质。

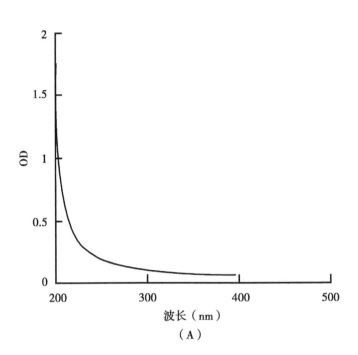

（A）

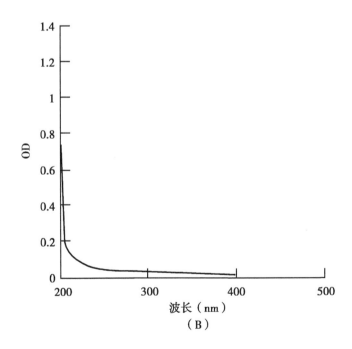

（B）

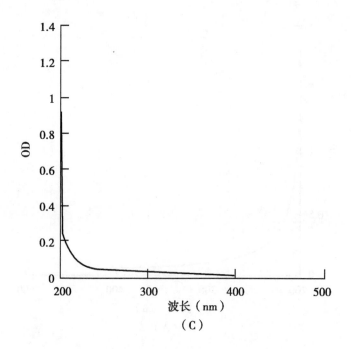

（C）

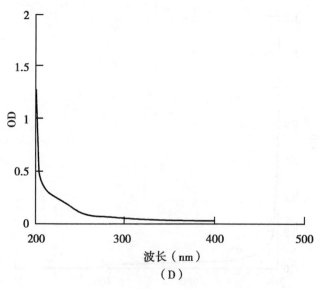

（D）

（A）：HZ；（B）：HS2-1；（C）：HS2-2；（D）：CZ

图3-5 山药纯多糖紫外光谱扫描

第二节 山药多糖的单糖组成及分析方法

山药多糖是山药最主要的活性成分,是近年来研究的热点,与山药淀粉相比,多糖虽然在山药中所占比例较小,但却能发挥淀粉所不具备的很强的保健作用。山药蛋白多糖是山药的主要活性成分之一,具有明显的抗衰老、抗肿瘤和增强免疫力的功能。山药中多糖含量为 2.21% ~ 2.92%,分为中性多糖和酸性多糖两类,由甘露糖、葡萄糖、半乳糖、木糖等组成。其种类繁多,组成和结构也相对复杂,有均多糖、杂多糖以及与蛋白质复合的多糖等。目前,对多糖的结构研究还比较困难,大多是先对多糖进行水解,生成单糖,再来研究单糖组成以及各单糖间的构型及连接情况,这对于确定多糖的生物活性还是具有重要意义的。单糖组成分析的方法:HPLC、TLC、GC-MS 等。其中采用 1-苯基-3-甲基-5-吡唑啉酮(PMP)柱前衍生化 HPLC 分析应用较为广泛。TLC 分析法是比较传统的分析方法,前人通过此方法分离单糖,并没有取得很好的效果,结果还需要进一步用 GC-MS 来验证,所以此方法对于单糖种类比较复杂的多糖来说分离较为困难。GC-MS 是通过对样品乙酰化,对乙酰化衍生产物是由总离子色谱图与标准样品进行对比来分析单糖的组成成分。

曾凡梅等采用超声波协同纤维素酶提取山药多糖,并通过薄层层析法测定其组成,结果表明山药多糖由木糖、葡萄糖和半乳糖组成;赵国华等利用水提法提取山药多糖,经 DEAE 纤维素及葡聚糖凝胶柱色谱纯化后得到 RDPS-1,对其进行分析,发现其是由葡萄糖、甘露糖和半乳糖构成的杂多糖,摩尔比为 1:0.4:0.1,分子量为 4 100;顾林等取得到水溶性山药多糖,纯化后发现其为均一组分中性糖,气质联用及薄层层析确定其由葡萄糖和甘露糖组成,红外光谱及 NMR 分析表明其含有 α-异构体吡喃己糖环,归属为 α-D-葡萄糖和 α-D-甘露糖;蔡炯娜等纯化山药多糖得到两个组分,用柱层析和醋酸纤维素薄膜纸电泳检测 DTA 纯度,显示其为单一多糖,单糖组成为果糖和葡萄糖,摩尔比为 1:21.36,并推测可能含有连续的 α-1,4 和 β-1,4 结构。综上所述,推测山药多糖中含有多种组分,单糖组成可能包含葡萄糖、甘露糖、果糖和半乳糖等,一级结构中可能含有 α-糖苷键或者 β-糖苷键。山药中除多糖外还含有大量的淀粉类物质,淀粉在其本质上也是一种多糖,而二者的不同之处在于,淀粉是由葡萄糖单体由 α-糖苷键或 α-1,6-糖苷键连接而成,可看做葡萄糖的高聚体,直链淀粉遇碘变蓝色,支链淀粉遇碘变紫红色;多糖则是由甘露糖、果糖、木糖、阿拉伯糖、葡萄糖、半乳糖等同一种或几种单糖组成,其单糖组成种类繁多，结构也较为复杂多样，遇碘不会变色。在山药多糖的提取中要注意使用淀粉酶对山药淀粉进行降解，避免对山药多糖分析及测定的影响。

由于山药品种、种植环境等都会对其中的多糖组分有影响，朱运平等针对四大怀药之一的河南焦作怀山药中的多糖开展研究，发现焦作怀山药含有丰富的多糖组分，分离纯化获得的一种中性多糖和两种酸性多糖纯品，进而对这3种多糖的单糖成分组成通过柱前衍生化后供液相分析，与各标准单糖的衍生化产物做对照。其结果如图3-6所示。

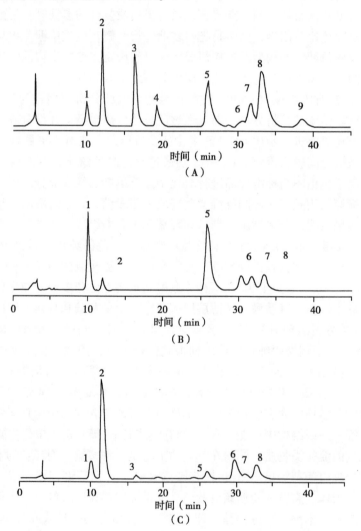

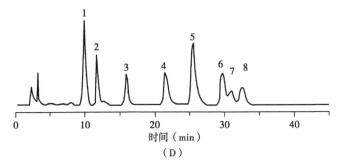

1—pmp；2—甘露糖；3—鼠李糖；4—葡萄糖醛酸；5—葡萄糖；
6—半乳糖；7—木糖；8—阿拉伯糖；9—岩藻糖

图3-6　单糖标准品（A）、怀山药中性多糖（B）、怀山药酸性多糖1（C）、怀山药多糖2（D）的单糖组成HPLC液相色谱图

从图3-6可以看出，3种纯多糖的单糖组成较为复杂，其中都含有甘露糖、葡萄糖、半乳糖、木糖、阿拉伯糖，但是不同的是酸性多糖1中含有鼠李糖，酸性多糖2中还含有鼠李糖和葡萄糖醛酸，并且各种单糖的含量有所不同。

第三节　多糖的结构表征

何书英等纯化得到山药多糖RP，相对分子质量81 000，摩尔比1：1.24：6.42（岩藻糖：丙三醇：赤藓醇），主要由带有分枝的1→4连接的吡喃糖苷骨架构成，同时含有少量1→3键型的岩藻糖。Zhao等纯化得到白色粉末状山药多糖RDPS-I，相对分子质量42 000，比旋光度+188.4°（C0.80，H_2O），特性黏度［η］=16.48×10^{-3}（ml/g），摩尔比1：0.37：0.11（葡萄糖：甘露糖：半乳糖），以 α-D-(1→3)-Glcp 为主链，在6-O位有 α-D-(1→2)-Manp-β-D-1-Galp 支链。乔善义等纯化得到两个均一多糖S1和S2，相对分子质量分别为63 000和7 400，它们均为［α-D-Glc (1→4)-］$_n$型葡聚糖。聂凌鸿等纯化得淮山药多糖DFPN-I，比旋光度+165.5°。徐琴等纯化得淮山药多糖RDP，具有β-糖苷键，组成为葡萄糖、D-甘露糖、D-半乳糖。蔡婀娜等纯化得到单一多糖DTA，摩尔比为1：26.36（果糖：葡萄糖）。顾林等纯化得到一种中性和两种酸性多糖，中性多糖比旋光度+162.5°，摩尔比0.56：0.44（葡萄糖：甘露糖），有 α-异构体吡喃己糖环，归属为 α-D-葡萄糖和 α-D-甘露糖；酸性多糖1是由葡萄糖、半乳糖、甘露糖组成；酸性多糖 2 是由阿拉伯糖、木糖、阿卓糖、葡萄糖、甘露糖组成。王刚等纯化得两个均一多糖 S1 和 S2，组成均为葡萄糖，相对分子质量分别为 62 000 和 7 300。从各学者的研究发现，山药多糖的种类较多，分子质量差异大，单糖组成多样，糖苷键连接方式多。这是由于山药的品种繁多，山药生长环境不同，产生的山药多糖也多种多样，不同结构组成的功能活性及其作用机理将成为未来探讨的方向。

朱运平等对上述纯化得到的 3 种怀山药多糖进行结构分析。

一、分子量的测定

传统的分子量测定方法大多为凝胶过滤法和凝胶电泳法，这些方法需要标定和对照品参考，操作复杂，准确性较差。本研究团队通过建立示差折光检测器（RI）和多角度激光光散射检测器（Mall）与凝胶渗透色谱联用测定怀山药多糖的分子量。其谱图如图 3-7 所示。

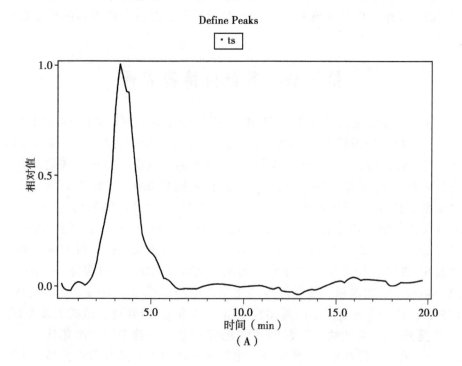

（A）

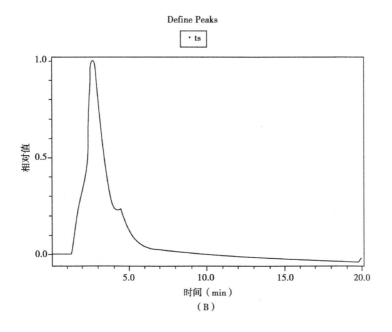

（B）

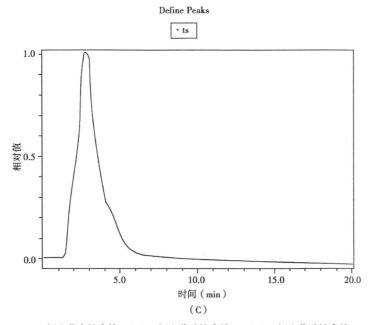

（C）

（A）：怀山药中性多糖；（B）：怀山药酸性多糖1；（C）：怀山药酸性多糖2

图3-7　分子量测定色谱图

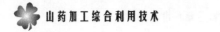

通过计算，我们得到中性山药的平均分子量在 16kDa，酸性多糖 1 分子量在 44kDa，酸性多糖 2 分子量在 23kDa。

二、山药多糖的电子扫描显微镜分析

扫描电子显微镜是通过细聚焦电子束在样品表面扫描激发出的各种物理信号来调制成像的显微分析技术。山药多糖的扫描电子显微镜如图 3-8 所示。

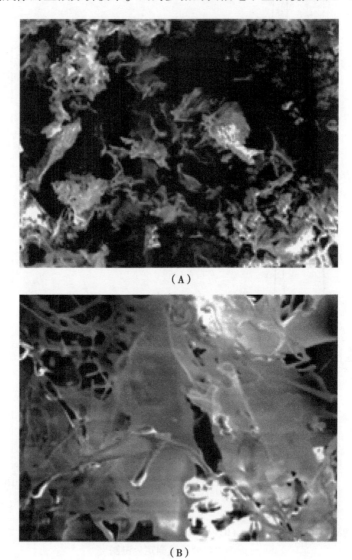

（A）

（B）

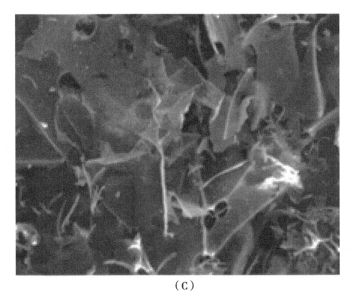

（C）

（A）：怀山药中性多糖；（B）：怀山药酸性多糖1；（C）：怀山药酸性多糖2

图3-8 扫描电子显微镜

从图3-8中可以看出3种山药多糖的表面形貌特征有很大的不同，其中中性多糖呈现出无规则的碎片状，表面结合比较松散；酸性多糖1呈现出薄片状，并且光滑透明，表面结合比较紧密；酸性多糖2也呈现出比较规则的薄片状，中间有比较均匀的孔洞，透明度不如酸性多糖1。

三、傅里叶变换红外光谱分析

红外光谱是分子振动光谱。通过谱图解析可以获得分子结构的信息。通过傅里叶变换红外光谱分析获得分子结构的信息，其扫描图谱如图3-9所示。

多糖类物质一般在4 000~550cm^{-1}的波长范围内会存在糖类的特征吸收峰，图为怀山药中性多糖傅里叶变换红外扫描图谱，通过怀山药中性多糖的红外光谱图，可以看出，三者分别在3 303、3 304、3 265cm^{-1}处分别有一个宽峰，说明是O—H之间的伸缩振动；三者分别在2 932、2 894、2 941cm^{-1}处有C—H之间伸缩振动的吸收峰；三者在1 103、1 022、1 012cm^{-1}处有多糖的特征吸收峰；中性多糖在1 645cm^{-1}处有结合水的吸收峰，而另外两者没有；酸性多糖1在1 730cm^{-1}处有糖醛酸的吸收峰，而另外两者没有；中性多糖和酸性多糖2在1 414、1 411cm^{-1}处有去质子化的羧基，而酸性多糖1没有。

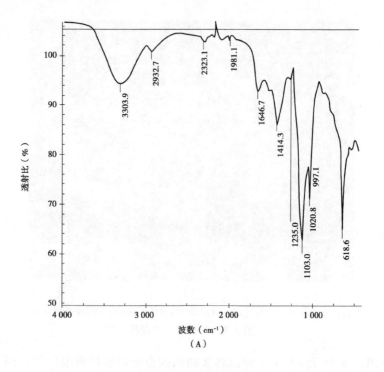

（A）

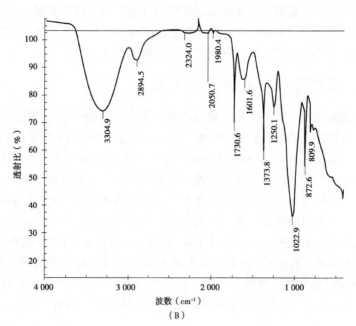

（B）

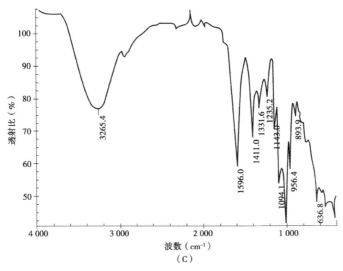

（A）：怀山药中性多糖；（B）：怀山药酸性多糖1；（C）：怀山药酸性多糖2

图3-9 傅里叶变换红外光谱

四、核磁共振分析

对山药多糖进行核磁共振分析结果如下。

中性多糖在δ5.409、δ5.267、δ5.125、δ4.994和δ4.502ppm呈现5个特征信号分别是一个α型和4个β型糖苷键。δ0.96和δ2.73信号之间属于典型的氨基酸，从图3-10可以看出，中性多糖的蛋白质含量高。由于中性多糖的结构比较复杂，其具体二维结构有待进一步分析。酸性多糖1在1H NMR谱端基异构体的区域δ5.521、δ5.401、δ5.263、δ5.10、δ4.741和δ4.555ppm显示特征信号的两个α型和四个β型糖苷键。在δ4.55和δ4.53个（J = 7.6 Hz）归因于β-1，4-吡喃半乳糖残基。在有δ4.84一个强烈的信号，属于甘露糖残基的信号峰。在δ5.26和δ5.10-4.95是α-L-阿拉伯糖，α-D-葡萄糖和α-L-鼠李糖。在13C NMR谱的异头碳区，有δ103.07ppm从δ90ppm特征信号δ112ppm，这说明酸性多糖1的主链是由均一种类单糖连接而成。其他的单糖类型构成多糖的侧链。在δ90~δ112ppm只有一个信号之间的，因此我们推测它属于甘露糖的信号，因为甘露糖的含量达到51.60%的高水平。有信号之间的δ82ppm和δ84ppm与呋喃糖残基。在糖的指纹区，在δ73.01和δ79.42两个信号峰，说明主链的连接方式有两种β，1→2、β，4→1。弱信号与侧链的位置有关。酸性多糖2在δ5.787、δ5.202、δ5.168的异头区，δ4.514和

δ4.418ppm 显示出 5 个特征信号的 2 个 α 型和 3 个 β 型糖苷键。这些信号峰除了葡萄糖醛酸的信号以外与酸性多糖 1 是一致的。这也正是酸性多糖 1 和酸性多糖 2 个之间的差异。在 13C-NMR 图谱上可以看到，化学位移小于 δ102ppm 对应 α-D-葡聚糖，化学位移大于 102ppm δ 对应 β-D-葡聚糖，因此，此处对应的是 β，1→3 葡萄糖残基，其他的是 α-半乳糖残。在 δ105.522、δ101.874 和 δ100.587ppm 处有信号峰，说明酸性多糖 2 的主链是由 3 个单糖残基连接而成。其他单糖形成侧链。在糖的指纹区，有 δ70.9、δ71.90、δ73.07、δ80.85 有信号峰，说明侧链有四种连接类型，分别为：β，1→2、β，1→4、α，1→2、α，1→4。

第四节　山药多糖的生物学活性

多糖是高等植物、动物、微生物体内普遍存在的一种具有一定生物活性的天然生物大分子物质。一些多糖由于其结构的特殊性，具有许多良好的功能特性，如抗氧化、降血糖、抗衰老等。有的多糖具有的降血糖活性，使其成为一种有效的 α-淀粉酶和 α-葡萄糖苷酶抑制剂，能够有效地抑制淀粉等食物在胃肠道中糖的水解。从而能够有效地抑制糖尿病和高血糖。现今，大部分的 α-葡萄糖苷酶抑制剂和 α-淀粉酶抑制剂都是从微生物中获得，对于植物多糖的降血糖特性仍在进一步研究中。

活性氧自由基，主要包括羟基自由基（·OH）、超氧阴离子（$O \cdot ^{2-}$）等，它们在人体内能引起脂质过氧化，导致蛋白质和 DNA 的损伤，从而引起人体的一系列疾病。对于人体中活性氧自由基的清除，找到有效的自由基清除剂，是现代科学研究的热点。目前已知的具有良好效果的自由基清除剂有：维生素 C、维生素 E、SOD 等。现今对于多糖的许多研究表明，多糖也具有一定的自由基清除作用。

山药多糖是山药最主要的活性成分，是近年来研究的热点，与山药淀粉相比，多糖虽然在山药中所占比例较小，但却能发挥淀粉所不具备的很强的保健作用。山药蛋白多糖是山药的主要活性成分之一，具有明显的抗衰老、抗肿瘤和增强免疫力等功能。

一、免疫调节功能

山药中的多糖成分可增加血液白细化，加强白细胞的吞噬能力，从而对促进特异性免疫和非特异性免疫功能均有较好的作用。Guohua Zhao 等研究证明山药多糖可促进半刀豆凝集素 A 造成的胸腺依赖性淋巴细胞增殖，在 0-6 部位的甘露糖残基对免疫活性表达非常重要；苗明兰研究证明山药多糖可明显促进小鼠溶血素和溶血空斑的形成，另有研究表明山药多糖可明显提高环磷酰胺所致免疫功能低下的小鼠腹腔巨噬细胞吞噬百分比和吞噬指数，同时山药中的 Fe、Zn、Cu、Mn、Ca、Mg、Se 多种微量元素对提高机体免疫力也有积极的作用；程林等研究证明山药经麸炒后冷浸提取的多糖较生山药具有更强的增强细胞免疫和体液免疫的作用。

二、降血糖、降血脂作用

山药可明显降低血液中总胆固醇、甘油三酯、低密度脂蛋白、自由基和动脉硬化斑块，从而降低血脂水平。Hsiao-Ling Chen 等为 Balb/c 系小鼠喂 25% 及 50% 基隆山药，小鼠小肠绒毛层亮氨酸肽酶活性增加，而蔗糖酶活性降低 40%，饲喂 25% 的山药能降低小鼠血浆中低密度脂蛋白的含量，饲喂 50% 山药的小鼠血浆及胆固醇水平均受到调节，脂肪吸收减少，排泄物中胆汁酸及脂类增多；Prema 等对山药提纯淀粉饲喂动脉硬化小鼠，能降低其血清类脂质浓度及主动脉和心脏糖浓度，饲喂游离胆固醇和含胆固醇食物的小鼠能降低其血清胆固醇浓度。

山药中含有淀粉酶，具有水解淀粉的作用，能促进前列腺素的分泌、合成，故具有降低血糖、尿糖的作用，并能有效缓解和治疗糖尿病引发的各种并发症。Hikino 等研究表明日本薯蓣块茎中含有降血糖的多糖酶，动物实验证明可降低小鼠血糖浓度；Iwu 等研究表明薯蓣属植物粗提物对禁食大鼠有降糖作用，能控制四氧嘧啶引起的高血糖，醇提物的水溶液部分与降血糖的活性有关；黄绍华等证明山药多糖通过抑制 α-淀粉酶从而阻碍食物中碳水化合物的水解消化，减少糖的提取，降低血糖血脂含量水平。

三、抗氧化、抗衰老作用

脂质过氧化中间产物导致蛋白质分子聚合，终产物丙二醇引起蛋白质分子交联细胞膜不饱和脂肪酸减少，影响细胞膜的流动性，从而引起机体的衰老。近年来很多研究表明山药具有抗氧化和抗衰老的功能。Dongbao Zhao 等对怀山药醇提物进行溶剂萃取，得到极性不同的部分，并通过对 DPPH 清除能力的考察测定各部分的抗氧化活性，证明乙酸乙酯萃取部分活性最强，氯仿萃取部分次之，再次是正丁醇和水溶性成分，表明抗氧化活性与萃取物多酚性成分的含量有一定的相关性；Hou 等发现山药中含有一种蛋白质 Diosorin，具有抗

DPPH 和·OH 的能力，同时还能抑制族蛋白酶的活性；孙设宗等发现山药多糖能降低 CC_4 损伤小鼠血清 ALT、AST 活性，对小鼠肝、肾、心、肌和脑组织体内外有抗氧化作用，尤其对心肌、肾脏、肝脏抗氧化作用较强。生物体内存在一套抗氧化、清除自由基的酶防御系统如 SOD、GSH-PX 和 CAT 等，通过协同作用可清除对机体有损伤的自由基。而山药多糖能使 SOD、GSH-PX 和 CAT 活性提高，从而达到抗氧化、延缓衰老的目的。山药水溶性多糖能够降低维生素 C-NADPH 及 Fe^{2+}—半胱氨酸诱发的微粒体过氧化脂质的含量，并对黄嘌呤—黄嘌呤氧化酶体系产生的超氧自由基及 Fenton 反应体系产生的羟自由基有清除作用。蒋艳玲报道怀山药多糖可明显拮抗 D-半乳糖所致衰老小鼠的免疫器官组织萎缩，增加了皮质厚度、皮质细胞数和淋巴细胞数，且大剂量的怀山药多糖作用最佳；林刚等研究山药稀醇提取物对家蚕寿命及老龄小鼠血浆过氧化脂质、肝脏脂褐素的影响，发现山药的稀醇提取物可明显提高家蚕平均寿命，降低小鼠血浆过氧化脂质和肝脏脂褐素含量，说明山药具有一定的抗衰老作用。

四、促进肠胃功能

傅紫琴等研究发现，山药粗多糖能促进脾虚小鼠的脾脏功能的恢复，改善小鼠的肠胃功能。在肠道之中，多糖缓慢、大量的发酵比寡糖迅速的发酵更好，它们在盲肠远端可以作为生产短链脂肪酸（SCFA）的碳源。同时谭春爱，张石蕊等人也指出山药多糖具有调节肠道微生态的作用，功能性多糖可以被肠道中的微生物利用，产生大量的代谢产物，调节肠道中的菌群结构，有效抑制病原菌的生长。于莲等人通过纳米山药多糖合生元对菌群失调动物的调节作用的机制研究得出，山药多糖对肠道菌群包括双歧杆菌、乳酸菌、肠杆菌、肠球菌数量具有一定的恢复作用。张宇喆等人通过研究山药多糖对大鼠盲肠微生物区系和免疫功能的影响得出，山药多糖有利于盲肠食糜中乙酸、丁酸、丙酸的发酵，且有利于肠道中优势菌群数量的增加，同时提高 SD 小鼠的生长性能和免疫功能，增强小鼠盲肠微生物的利用，改善盲肠微生态区系以及调节其中短链脂肪酸含量和组成。

五、保护肝脏

小鼠血清中谷丙转氨酶（ALT）、谷草转氨酶（AST）活性和丙二醛（MDA）的含量能够通过食用山药多糖降低，同时，山药多糖能提高肝脏细胞中谷胱甘肽（GSH）的含量及超氧化物歧化酶（SOD）活性，具备保护肝脏作用。何鑫蕾等发现铁棍山药多糖能够调节小鼠体内相关系统的酶的活性，使一部分酶的活性降低［谷丙转氨酶（ALT）、谷草转氨酶（AST）］，一部分酶的活性提高［超氧化物歧化酶（SOD）、谷胱甘肽过氧化物酶（GSH-Px）］，从而起到良好的保护肝脏的作用，同时也能降低丙二醛（MDA）、一氧化氮（NO）、肿瘤坏死因子 α(TNF-α) 的含量。孙延鹏等发现山药粗多糖对卡介苗（BCG）和细菌脂多糖（LPS）诱导的小鼠免疫性肝损伤有保护作用。山药多糖能够显著提高小鼠肝细胞谷胱甘肽（GSH）含量，谷胱甘肽是体内一种清除自由基的重要物质，能够清除自由基保护肝损伤。

六、抗肿瘤、抗突变作用

研究发现，山药能增强白细胞的吞噬作用，可作为抗肿瘤的扶正药，这可能与其具有较强的免疫调节功能有关。赵国华等用小鼠移植性实体瘤对 RDPS-1 的体内抗肿瘤作用进行研究，发现 50mg/kg 的 RDPS-1 对 Lewis 肺癌有明显的抑制效果，而对 B16 黑色素瘤没有明显作用，高于 150mg/kg 的 RDPS-1 对 B16 黑色素瘤和 Lewis 肺癌均有明显抑制效果，且中等剂量（150mg/kg）下效果最佳，进一步研究证明较低度甲基化、甲基化及中度乙酰化可明显提高 RDPS-1 的抗肿瘤活性。山药多糖通过与致突变物作用使其失活（去突变）及阻断正常细胞变为突变细胞（生物抗突变）而实现其抗突变的作用。阚建全等研究证明山药活性多糖对 3 种致癌物及黄曲霉毒素致突变性均有明显的抑制作用，其作用机制主要是通过抑制突变物对菌株的致突变作用实现的。

本研究团队以上述纯化得到的 3 种多糖为研究对象，分别对它们的抗氧化活性和降血糖活性进行评价。探索山药多糖是否具有良好的抗氧化和降血糖功能活性，同时，比较不同山药之间、山药粗多糖和山药纯多糖之间抗氧化活性和降血糖活性的差别。其结果如图 3-10 所示。

从图 3-10（A）中可以看出，在低浓度下，中性多糖和酸性多糖 1 的清除 DPPH 自由基的能力较低，酸性多糖 2 的清除能力要高于粗多糖，并且 4 种多糖的清除能力要稍高于维生素 C，在高浓度下，4 种多糖的清除能力要低于维生素 C。从图 3-10（B）中可以看出粗多糖清除 ABTS+自由基的能力要高于其他 3 种纯多糖。酸性多糖 1 的清除能力要大于中性多糖和酸性多糖 2，所以我们猜测在清除 ABTS+自由基中，酸性多糖 1 起主要的作用。从图 3-10（C）中可以看出 3 种纯多糖清除·OH 自由基的能力较弱，粗多糖的清除能力较强，我们猜测是由于粗多糖中的其他杂质成分也具有一定的清除能力。通过山药多糖对 α-葡萄糖苷酶的抑制能力，可以间接地判断山药多糖降血糖功能

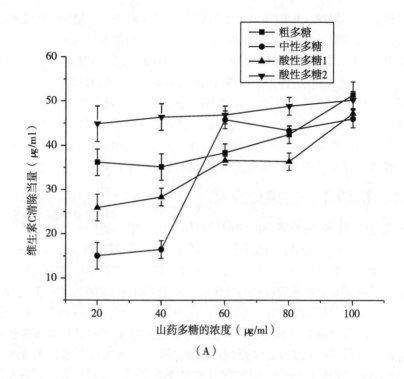

（A）

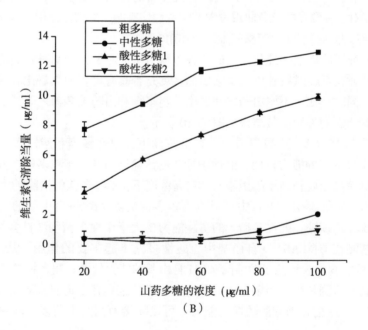

（B）

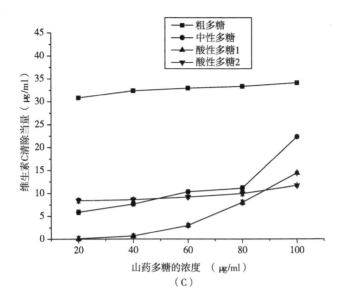

（C）

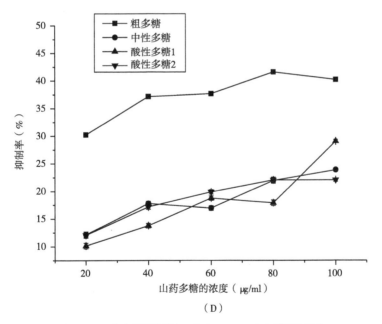

（D）

（A）：DPPH 自由基清除能力；（B）：ABTS+自由基清除能力；
（C）：·OH 自由基清除能力；（D）：α–葡萄糖苷酶抑制作用

图 3-10　山药多糖的生物活性

活性的水平，从图 3-10（D）中可以看出山药粗多糖和山药纯多糖对 α-葡萄糖苷酶都具有抑制作用。但是粗多糖的抑制效果更明显，由于粗多糖中含有大量其他类物质，无法从其中判断是否是由于多糖对 α-葡萄糖苷酶起到了抑制作用。

山药多糖是一种具有多种生物功能活性的生物大分子物质，已经有研究发现高剂量山药多糖对 B16 小鼠黑色素细胞瘤和 Lewis 癌细胞具有明显的抑制效果。这种抑制效果主要体现在多糖对机体的免疫调节能力上，能够通过刺激 T 淋巴细胞等免疫细胞的增殖，从而间接地抑制和杀死癌细胞。赵国华等人已经通过体内小鼠抗肿瘤实验证实山药多糖在体内能显著抑制荷瘤小鼠 B16 黑色素瘤和 Lewis 肺癌，能够提高免疫细胞及相关免疫球蛋白的活力和杀伤能力，推测山药多糖能够调节人体免疫，从而抑制肿瘤细胞的增殖。

同时多糖的结构是糖化学中研究的热点问题，多数研究认为多糖的功能特性与其所具有的单糖种类以及糖苷键的链接方式以及多糖的高级结构之间有着密不可分的关系。因此想要研究一种多糖的功能特性对其结构的研究是必不可少的。

朱运平等对山药多糖体外抗肿瘤活性的研究结果如表 3-1 所示。

表 3-1　山药粗多糖对 B16 小鼠黑色素瘤细胞增值率影响

剂量	多糖浓度（μg/ml）	抑制率（%，$X \pm S$）	抑制率（%，$X \pm S$）	抑制率（%，$X \pm S$）	抑制率（%，$X \pm S$）
		粗多糖	中性多糖	酸性多糖 1	酸性多糖 2
空白	0	0±0	0±0	0±0	0±0
低剂量	100	−13.93±0.65	−67.16±0.02	−56.93±0.0.3	−17.63±0.01
中剂量	200	36.07±1.81**	−38.24±0.15	30.48±0.02**	13.35±0.05*
高剂量	400	46.65±1.07**	0±0.04	35.68±0.02**	28.63±0.05**

注：多糖组与空白对照组相比，* 表示 $p < 0.05$，** 表示 $p < 0.01$

从表 3-1 中，我们发现，在中高剂量范围内粗多糖和酸性多糖 1 有明显的抑制作用，酸性多糖 2 在中剂量下有抑制作用，在高剂量下有显著的抑制作用。中性多糖对 B16 小鼠黑色素瘤细胞无明显抑制作用，并且粗多糖比纯化的多糖具有更强的抑制活性。推测抑制 B16 小鼠黑色素瘤细胞增殖是在多糖的协同作用下实现的。研究表明，粗多糖对肿瘤细胞有一定的抑制作用，并且与山药多糖对肿瘤细胞有协同抑制作用。所以对这种现象的原因的确认和最终解释需要进一步研究。

第四章 山药蛋白加工技术

第一节 山药蛋白的提取及生物学活性

植物储存蛋白是指储存在植物的种子或营养器官根、茎和叶片等中的一类高丰度的蛋白，它们的相对分子质量一般介于 20 000~40 000 之间，但等电点具有明显的差异。

山药属于块茎植物，其块茎为主要储存部位，除了主要的淀粉之外，蛋白质的含量也占了鲜重的 1.0%~2.5%，可以作为摄取植物性蛋白的良好来源。而植物体中的蛋白质要称为"储存蛋白"需要看三点因素：蛋白含量的多少、氨基酸的组成、存在的位置等因素。因此，山药内含有相当大比例的蛋白质，高质量的氨基酸，而且蛋白质大量地存在于细胞的液泡以及细胞质之内。

作为热带地区人群的一种重要主食——山药，在功能性食品和药用效果方面有良好的应用。在中国，山药作为一种健康食品和传统中药材，受到越来越多人的关注。山药的提取液具有多种活性，如抗氧化活性和调节人体的血脂水平。山药蛋白质也具有多种活性，如抑制碳酸酐酶活性以及抑制血管紧张肽转变酶活力的能力。

Harvey 和 Boulter 研究指出，山药中的储存蛋白占了总水溶性蛋白质含量的 85% 左右，大量存在于储存细胞的液泡和细胞质当中，为极性异构物。主要分子量为 31 000，pI 值为 5.2~6.8。据研究报道，山药的储存蛋白具有清除自由基以及抑制 ACE 活性的能力。

一、山药蛋白质的提取制备方法

山药蛋白提取过程中通常加入一定浓度的缓冲液进行研磨，然后离心得到上清液，低温放置进行保存。

影响山药蛋白提取的因素主要有提取时间、液料比、pH 值及提取次数等。段浩等发现当提取时间小于 60min 时，提取时间对蛋白质提取率的影响呈正向显著性，随着时间延长蛋白质得率呈逐渐增加趋势；当提取时间大于60min时，提取时间对蛋白质提取率的影响不显著；当液料比小于8ml/g时，液料比对蛋白质提取率的影响呈正向显著性，随着液料比的增加，蛋白质的得率快速增加，但是当液料比增加至8ml/g后，蛋白质得率的增加缓慢。当提取次数由1次增加到2次时，蛋白质得率获得显著的增加；但是继续增加提取次数，蛋白质得率变化差异不显著。当提取次数为2次时，可以保证山药中蛋白质完全提取，随着pH值的增加，蛋白质的得率先增加后减少。当pH值增加至7.5后，蛋白质得率逐渐减少。

二、山药蛋白的分离纯化

生物体内通常会存在多种蛋白质，因此要获取均一的蛋白质需要对蛋白粗提物进行分离并纯化。一般分离蛋白质采用柱层析方法，根据原理不同分为：疏水作用凝胶色谱、离子交换色谱、亲和色谱、凝胶排阻柱色谱法等。其他还包括电泳法、超滤法等，其中最常用的方法是色谱法。通常需要2~3种方法结合使用，其纯化效果较好。

色谱法通常采用纤维素阴离子交换剂柱色谱法和凝胶排阻柱色谱法两种。纤维素离子交换剂柱色谱法是利用连接在纤维素上的离子交换基团的静电键合作用对所带电荷大小不同的物质进行分离的一种方法。其分离原理是，带不同电荷的蛋白组分与色谱柱有不同的离子交换能力，然后用不同离子强度的洗脱剂作流动相进行梯度洗脱、分步收集，按洗脱曲线的不同峰值收集不同的组分，从而分离得到各个不同的蛋白质组分。凝胶排阻柱色谱法是利用凝胶微孔的分子筛作用对分子大小不同的物质进行分离的一种方法。其分离原理是，不同分子量大小的蛋白质组分流经色谱柱时受到不同程度的排阻，在色谱柱上移动速度不一致从而形成色谱带，然后以缓冲液或去离子水作洗脱剂进行洗脱、分步收集，使各种蛋白质组分得以分离纯化。

Wen-ChiHou和Ye等用DEAE-纤维素色谱柱法分离山药粗蛋白；Cai等经DEAE-纤维素-52初步纯化的产品用葡聚糖凝胶色谱柱法进一步纯化；段浩等利用DEAE-纤维素离子交换色谱和葡聚糖凝胶过滤色谱对山药蛋白质进行分离纯化得到了P-1和P-2两种蛋白质。

粗蛋白提取液在冰浴的环境中，先缓慢加入低浓度的硫酸铅，缓慢用玻璃棒搅拌。尽量避免搅拌导致的蛋白质变性。静置提取液，使杂蛋白质充分沉淀，离心取上清液。在上清液中，继续缓慢加入硫酸铅，使得硫酸铅浓度升高，静置并且离心。取离心沉淀，透析过夜，去除小分子，冷冻干燥，得到粗蛋白。粗蛋白稀释后，加样于 DEAE-纤维素-52 层析柱。用不同浓度的 NaCl 溶液依次梯度洗脱，分步收集。考马斯亮蓝法检测各管蛋白质浓度（595nm 处吸收值），收集不同洗脱梯度相应的组分，合并相同组分。30℃旋转蒸发浓缩，去离子水透析，最后将透析液真空冷冻干燥，得到初步纯化产品。将初步纯化的蛋白产品稀释，加样于层析柱。用去离子水洗脱，分步收集。考马斯亮蓝法检测各管蛋白质含量（595nm 处吸收值），分别收集不同的组分，合并相同组分。30℃减压蒸发浓缩，去离子水透析以去除小分子杂质，最后将透析液真空冷冻干燥，得到纯化产品。最后经 SDS-PAGE 检测鉴定即可。

三、山药蛋白质的氨基酸组成测定

裴福成等和郑璐侠等对山药蛋白质样品的氨基酸组成进行分析。先将样品进行酸水解，用衍生化试剂（5mg 邻苯二甲醛，加甲醇 50μl 混匀后加 0.4mol/L、pH 值=9.5 的硼酸溶液 450μl，混匀后加 β-巯基乙醇 25μl，混匀后即为衍生化试剂）进行衍生化。将衍生化的样品通过 HPLC 进行检测。

段浩等通过此方法将得到提取到的 P-1 和 P-2 蛋白质进行分析，结果显示 P-1 和 P-2 均含有至少 16 种氨基酸，分别为天门冬氨酸、谷氨酸、精氨酸、组氨酸、丙氨酸、缬氨酸、苏氨酸、丝氨酸、酪氨酸、甲硫氨酸、苯丙氨酸、异亮氨酸、亮氨酸、赖氨酸、色氨酸、甘氨酸。在 P-1 和 P-2 之中，天门冬氨酸、谷氨酸、精氨酸的含量相对较高，为主要氨基酸。而人体必需的氨基酸在 P-1 和 P-2 中均含有。

第二节　山药糖蛋白的分离及生物学活性

一、糖蛋白的提取

糖蛋白中的寡糖链具有高度的亲水性，与蛋白质结合改善了此类分子的亲水疏水平衡点、分子表面的电荷分布、分子黏度及分子构型，极大提高了此类分子的亲水性能，因此从生物体内提取糖蛋白常采用水或低浓度的盐溶液及缓冲液作为溶媒。另外，糖蛋白为一类结合蛋白，兼有多糖和蛋白质的某些性质，决定了其提取分离方法既可采用多糖的水提醇沉法又可采用蛋白质的碱溶酸沉法这两种提取。工艺如下。

（1）按多糖的提取方法提取糖蛋白。

原料→粉碎或匀浆→乙醚、丙酮热回流去脂肪及部分水溶性色素→热水浸提→提取液离心→真空浓缩→Sevgae 试剂去游离蛋白→脱溶→透析→乙醇或丙酮沉淀→离心收集沉淀→低温干燥→糖蛋白粗品。

（2）按蛋白质的提取方法提取糖蛋白。

原料→粉碎或匀浆→乙醚、丙酮热回流去脂肪及部分水溶性色素→低浓度的盐溶液或稀碱液浸提→透析→酸沉淀→离心收集沉淀→低温干燥→糖蛋白粗品。

朱科学等从麦胚水溶性提取物中分离得到粗糖蛋白，经阴离子交换柱层析，得到均一的麦胚水溶性糖蛋白。Sepharose CL-6B 凝胶过滤纯度检验表明此糖蛋白是单一对称峰，经电泳测定其相对分子质量为 40 000Da。该糖蛋白含有 56.4% 的蛋白质，富含谷氨酸、天冬酰胺、丙氨酸、甘氨酸、缬氨酸、亮氨酸。糖链部分含有的甘露糖及少量阿拉伯糖、木糖、葡萄糖、半乳糖。β-消去反应表明该糖蛋白为—型连接的糖苷键。

詹玲等通过 DEAE-cellulose 52 离子交换层析和 Sepadex G-200 凝胶层析从大豆中提取纯化一种糖蛋白，并对其结构进行了初步分析。用 SDS-PAGE 检测纯度，并测定其分子质量的大小，测定结果为 61 000Da，蛋白质含量为 30.55%；β-消去反应说明其为一连接型糖蛋白，红外光谱法推断其含有 a 型糖苷键。

李亚娜等采用柱层析分离纯化小球藻糖蛋白，并对其进行结构分析。结果表明，小球藻糖蛋白为白色粉末，易溶于水，分子量约为 65 000Da，属 O-连接方式，蛋白质含量为 12.01%，糖链部分含有岩藻糖、阿拉伯糖、甘露糖、葡萄糖和半乳糖。

胡群宝等采用改进的方法从螺旋藻中提取糖蛋白。经恒温加热去蛋白后，用一柱层析后得到两种糖蛋白，经 Sephadex G-100 和凝胶电泳证实所得的糖蛋白为均一组分。由 SDS-PAGE 测定分子量，糖蛋白 GS-1 的分子量为 14 900Da，GS-2 的分子量为 18 400Da。初步证明所提取的两种糖蛋白可能是 O-连接的糖蛋白。

高荫榆等采用溶剂提取分离，Sepadex G-100 纯化乌桕叶水溶性糖蛋白。结果表明该糖蛋白平均分子量为 53 000Da；多糖与蛋白质组成比为 94∶6；含有半乳糖、葡萄糖、鼠李糖、阿拉伯糖、木糖，单糖摩尔组成比为 25∶24∶18∶31∶2；蛋白质部分以甘氨酸、丙氨酸、丝氨酸等中性氨基酸为主。含有 O-型糖肽键和 a-糖苷键。

田庚元等从宁夏枸杞子提取得到的粗多糖，经 DEAE-cellulose 和 Sepadex G-100 柱层析，得到均一的枸杞子糖蛋白（LbGP）。分子量由 SDS-PAGE 测

定为 88 000Da，糖含量为 70%，单糖组成摩尔比为 Ara ∶ Gal ∶ Glc = 2.5 ∶
1.0 ∶ 1.0，并含有其他 18 种天然氨基酸。初步分析表明 LbGP 是 O-连接的糖
蛋白。

张彬等分离纯化出人参糖蛋白组分（LRC）。结果显示，LRC 是以 a-吡喃
糖为主的糖蛋白，相对分子质量为 24 000Da。单糖组成为鼠李糖、阿拉伯糖、
葡萄糖和半乳糖，其摩尔比为 1.00 ∶ 3.45 ∶ 0.612 ∶ 5.05，总糖含量为 32%，
蛋白含量为 60%，由门冬氨酸、谷氨酸等 17 种氨基酸组成，糖肽键为苏氨酸
连接的 O-型糖肽键。

（一）微波辅助提取法

微波是频率介于 300MHz 和 300GHz 之间的电磁波。微波萃取是利用微波
能来提高萃取率的一种最新发展起来的新技术。它的原理是在微波场中，吸收
微波能力的差异使得基体物质的某些区域或萃取体系中的某些组分被选择性加
热，从而使得被萃取物质从基体或体系中分离，进入到介电常数较小、微波吸
收能力相对差的萃取剂中。

微波萃取的机理可从以下 3 个方面来分析。

（1）微波辐射过程是高频电磁波穿透萃取介质到达物料内部的维管束和
腺胞系统的过程。由于吸收了微波能，细胞内部的温度将迅速上升，从而使细
胞内部的压力超过细胞壁膨胀所能承受的能力，结果细胞破裂，其内的有效成
分自由流出，并在较低的温度下溶解于萃取介质中。通过进一步的过滤和分
离，即可获得所需的萃取物。

（2）微波所产生的电磁场可加速被萃取组分的分子由固体内部向固液界
面扩散的速率。例如，以水作溶剂时，在微波场的作用下，水分子由高速转动
状态转变为激发态，这是一种高能量的不稳定状态。此时水分子或者汽化以加
强萃取组分的驱动力，或者释放出自身多余的能量回到基态，所释放出的能量
将传递给其他物质的分子，以加速其热运动，从而缩短萃取组分的分子由固体
内部扩散至固液界面的时间，结果使萃取速率提高数倍，并能降低萃取温度，
最大限度地保证萃取物的质量。

（3）由于微波的频率与分子转动的频率相关联，因此微波能是一种由离
子迁移和偶极子转动而引起分子运动的非离子化辐射能，当它作用于分子时，
可促进分子的转动运动，若分子具有一定的极性，即可在微波场的作用下产生
瞬时极化，并以 24.5 亿次/秒的速度作极性变换运动，从而产生键的振动、撕
裂和粒子间的摩擦和碰撞，并迅速生成大量的热能，促使细胞破裂，使细胞液
溢出并扩散至溶剂中。在微波萃取中，吸收微波能力的差异可使基体物质的某

些区域或萃取体系中的某些组分被选择性加热，从而使被萃取物质从基体或体系中分离，进入到具有较小介电常数、微波吸收能力相对较差的萃取溶剂中。

微波技术应用于天然产物成分萃取的第一篇文献发表于 1986 年，GanzlerI 将样品置于普通家用微波炉，通过选择功率挡、作用时间和溶剂类型，只需短短几分钟即可萃取传统方式需要几个小时的目标产物。自 1986 年 Ganzler 发表了第一篇《微波萃取——色谱分析中新的样品准备方法》的文章以来，微波萃取法由于萃取时间短、选择性好、回收率高、试剂用量少、污染低、可用水作萃取剂的优点以及萃取条件可自动精密控制等而得到了快速的发展。

邵海等对微波提取山药糖蛋白技术进行了优化。①考察了微波辅助提取中的微波功率、微波辅助提取时间、液料比 3 个因素对山药糖蛋白得率的影响。试验表明，随着微波功率的增加，得率总体呈下降趋势，因此降低功率有利于提高得率；在一定范围内，得率随着微波辅助提取时间的延长而增加，从开始，随着时间的延长，得率减少；液料比最适当时，得率最高。液料比较低时，随着液料比增加，得率增加，超过最适比例，液料比增加，得率下降。②对微波辅助提取中的微波功率、微波辅助提取时间、液料比 3 个因素进行了正交试验，并进行了极差分析和方差分析，分析结果表明：极差分析得出了最佳提取条件，即微波功率为 200W、微波辅助提取时间为 1min、液料比为 10ml/g。方差分析表明影响山药糖蛋白得率的主要因素是微波功率，其次是微波辅助提取时间、液料比，其中微波功率和微波辅助提取时间对得率的影响显著，而液料比对得率有一定的影响。③验证了最佳提取工艺条件，结果表明得率较高。④考察了水浴浸提中的水浴温度、水浴浸提时间、液料比 3 个因素对山药糖蛋白得率的影响。试验表明温度为 40℃ 时，得率最高。超过或低于 40℃，得率都相对较低；在 1~3h 范围内，随着水浴浸提时间的延长，得率增加，从 3h 开始，随着时间的延长，得率下降幅度减小，基本趋于恒定；液料比为 10ml/g 时，得率最高。液料比在 5~10ml/g 时，随着液料比增加，得率上升超过 10ml/g，液料比增加，得率反而减少。⑤对水浴浸提中的水浴温度、水浴浸提时间、液料比 3 个因素进行了正交试验，并进行了极差分析和方差分析，分析结果得到极差分析得出了最佳提取条件，即水浴温度为 40℃、水浴浸提时间为 2h、液料比为 10ml/g。方差分析表明影响山药糖蛋白得率的主要因素是水浴温度，其次是液料比、水浴浸提时间。水浴温度、液料比和水浴浸提时间对得率的影响都不大。

（二）超声辅助提取法

超声波是靠物质介质传播的一种弹性机械波，其频率范围为 $2 \times 10^4 \sim 2 \times 10^9 Hz$。

超声波频率很高，在物质介质中传播会引起介质粒子的剧烈机械振动，这种剧烈机械振动引起的介质间相互作用可概括为空化作用、热效应、机械作用，这也是目前超声技术在提取中应用的三大理论依据。

1. 空化作用

由超声波发生器发出的高频振荡信号，通过换能器转换成高频机械振荡而传播到介质中，超声波在介质中疏密相间的向前辐射。在超声波纵向传播的负压区，介质分子间距离超过保持介质液体作用的临界分子间距，就会形成空穴使液体流动而产生数以万计的微小空化泡。但是在相继而来的超声波正压区内，这些空穴又将被压缩，其结果是在这些空化泡内外产生了极高的瞬间压力差，当瞬间压力差超 1 000 个气压时，这些空化泡将完全崩溃；而那些由于内外瞬间压力差较小不足以引崩溃的空化泡将进入持续振荡，这就是超声波的空化作用。

根据空化泡的变化，超声空化分为稳态空化和瞬态空化，两种空化现象在液体中几乎同时存在，且在一定条件下稳态空化可转化成瞬态空化。稳态空化是指声强度小于 $10W/cm^2$ 时产生的空化，有规律而缓和。瞬态空化是指声强度大于 $10W/cm^2$ 时产生的空化，短暂而剧烈；空化泡在瞬间迅速涨大并破裂，破裂时把吸收的声场能量在极短的时间和极小的空间内释放出来，形成高温和高压的环境，同时伴随有强大的冲击波和微声流，从而破坏细胞壁结构，使其在瞬间破裂，植物细胞内的有效成分得以充分释放，进而提高了得率，缩短了提取时间。

2. 热效应

超声波在介质内传播过程中会引起介质粒子的剧烈机械振动，这种振动导致了介质粒子间相互碰撞摩擦，超声波的能量就会不断地被介质吸收转变为热能从而使其自身温度升高。当强度为 I 的平面超声波在声压吸收系数为 α 的介质中传播时，单位体积 Q 介质中超声波作用 t 秒产生的热量可用公式表示为：$Q=2\alpha It$，因此当某种介质一定时，即声压吸收系数 α 一定，改变超声波的强度 I（功率）及超声作用时间 t，即可改变介质温度。植物组织内部的温度瞬间升高，有利于加速有效成分的溶出。

3. 机械作用

超声波是机械振动能量的传播，可在液体中形成有效的搅动与流动，破坏介质的结构，粉碎液体中的颗粒，能达到普通低频机械搅动达不到的效果。此外，超声波还具有聚集作用，即超声波能使悬浮于气体或液体中的微粒聚集成较大颗粒而沉淀，凝聚作用对提高提取率和缩短提取时间均起重要作用。凝聚作用与超声作用时间、强度、频率有关。声强高时，可在较短的时间取得好的凝聚效果。超声凝聚还与粒子的大小、性质和浓度有关。超声辅助提取之所以能提高得率、缩短提取时间，是超声波的空化作用、热效应、机械作用综合作用的结果。

李金忠等考察了全程超声辅助提取时间、超声作用时间、超声间隙时间、超声功率、提取温度、电机搅拌转速、料液比 7 个单因素对山药糖蛋白得率的影响。在 20~50min 范围内，得率随着全程超声辅助提取时间的延长增加较快，从 50min 开始，随着时间的延长，得率增加幅度减小，基本趋于恒定；超声作用时间设定为 1s 的条件下提取，由于超声破壁作用较弱，得率较低。超声作用时间设定为 2~5s 时提取，得率差别并不大，其中最佳超声作用时间为 2s；超声间隙时间设为 3s 时，得率最高。超声间隙时间在 1~3s 时，随着时间延长，得率增加超过 3s，随着时间延长，得率下降；超声功率设为 1 200W 时，得率最高。功率在 400~1 200W 时，随着功率增加，得率增加超过 1 200W，功率增加，得率反而下降；在整个提取温度范围内，随着温度的升高，得率增加。尤其当温度超过 50℃ 时，得率增加比较显著。究其原因，主要是淀粉溶出率显著增加使得测量值偏高，同时过高的温度淀粉会糊化，因此最高提取温度选择 50℃ 比较合理；电机搅拌转速设为 15r/s 时，得率最高。超过或低于 15r/s，得率都相对较低；随着料液比的增加，得率总体呈下降趋势。因此降低料液比有利于提高得率，但过低的料液比将增加浓缩成本。同时如料液比过高，又将浪费大量的原料。综合考虑浓缩成本及原料的利用率，选择 20~50g/L 的料液比进行提取较为科学。

二、糖蛋白的分离纯化

糖蛋白的纯化是指从粗糖蛋白中获得单一组分糖蛋白的过程，一般分为除杂和分级两个步骤。除杂是指除去糖蛋白中的一些小分子物质及游离蛋白质。小分子物质一般有单糖、氨基酸、色素等，这些小分子物质可采用透析或膜分离技术除去。

（一）除杂

从粗糖蛋白中脱游离蛋白质，常用的方法有如下几种。

（1）加热。将含有粗糖蛋白的水溶液加热至 70℃ 左右，然后将溶液离心除去变性后的游离蛋白质。

（2）酶解法。提取液中加入胃蛋白酶、胰蛋白酶、木瓜蛋白酶、加链霉蛋白酶等将游离蛋白质酶解成小分子的氨基酸、肽，然后采用透析或膜分离技术除去，但采用此法必须严格控制加酶量、酶解时间、pH 值等条件，否则可能破坏糖蛋白，如加酶量过大、酶解时间过长可能将糖蛋白的结合蛋白（多肽）部分也酶解成氨基酸或小分子肽，酶解时的 pH 值过高则可能引起糖蛋白的糖肽键断裂等。

（3）Sevage 法。该方法根据蛋白质在三氯甲烷等有机溶剂中变性的特点，将三氯甲烷和正丁醇或正戊醇按体积比 4：1 混合加入到提取液中，剧烈摇晃15~20min 使游离蛋白质变性，然后离心将处于上清液和溶剂层之间的胶状变性蛋白质除去。

应用此法必须注意两点，其一：考虑到既要使游离蛋白质充分变性又要严格控制有机溶剂的使用，Svegae 试剂的加入量须控制在溶液体积的 1/4~1/5；其二：采用此法去除游离蛋白质条件温和但效率不高，故一般要重复去除 2~3次方能将游离蛋白质去除干净。

（4）三氯三氟乙烷法。向提取液中加入等体积的三氯三氟乙烷，冷却下高速搅拌 5~10min，游离蛋白质结成胶冻状，离心取上清液并重复数次即可。此法效率较高，但三氯三氟乙烷的沸点较低，易挥发，不宜大量使用。

（5）三氯乙酸法。在提取液中加入 3% 的三氯乙酸，直至溶液不再继续浑浊，5~10℃放置过夜，离心除去胶状沉淀即可去除游离蛋白质。此法较剧烈，常引起多糖部分的降解。

经查阅大量文献资料，在上述去除游离蛋白质的几种方法中常用的为Sevage 法，但也有将几种方法结合使用的，如先将含游离蛋白质的提取液用蛋白酶部分酶解，再用 sevage 法去除残余的游离蛋白质，这样效果更好。

（二）分级

糖蛋白纯化的分级就是将糖蛋白粗品中的目的单一组分分离开来。常用的分离方法有以下几种。

（1）乙醇或丙酮分级沉淀。该法来源于多糖的纯化方法，由于糖蛋白溶于水而不溶于乙醇或丙酮等有机溶剂，因此可向提取液中加入一定浓度的乙醇或丙酮夺去糖蛋白分子表面的水层，使糖蛋白分子凝聚沉淀下来。不同的浓度的乙醇或丙酮所沉淀出来的糖蛋白分子量不一样，低浓度下分子量大的糖蛋白首先沉淀下来，随着浓度的提高，所沉淀下来的糖蛋白分子量趋小。这样采用不同浓度的乙醇或丙酮，可沉淀出不同分子量的糖蛋白，最后用柱层析方法纯化可得不同级别分子量的糖蛋白纯品。

（2）硫酸铅分级沉淀。该法来源于蛋白质的纯化方法，当高浓度的盐存在时，蛋白质往往凝聚析出，不同的蛋白质在不同浓度的盐中形成沉淀。因此向糖蛋白粗品溶液中加入不同浓度的硫酸铅时，不同分子量的糖蛋白分别析出而达到分离的目的。加入硫酸铅时，应缓慢加入，以防止引起糖蛋白的变性。与乙醇或丙酮分级沉淀一样，采用硫酸铅分级沉淀糖蛋白后仍须结合柱层析方法进一步纯化以便得到纯度更高的糖蛋白。

（3）纤维素阴离子交换柱层析。常用的交换介质有 DEAE-纤维素、DEAE-葡聚糖凝胶、DEAE-琼脂糖等。此法适用于分离各种中性、酸性、碱性糖蛋白，其原理是用一定的物理化学方法使交换介质结合一定的离子基团，利用该离子基团对待分离的糖蛋白粗品中各种组分的吸附能力的不同，用不同浓度的盐溶液或不同 pH 值的缓冲液进行洗脱可得到不同类型的糖蛋白纯品。

（4）凝胶柱层析。凝胶柱层析是根据糖蛋白的分子大小和形状的差异来实现糖蛋白粗品中各组分分离纯化的，所以一般采用此法前都要先进行纤维素阴离子交换柱层析。常用的交换介质有：葡聚糖（Sephadex）凝胶、琼脂糖（Agrose）凝胶以及性能更好的 Sephacryl 等，由于待分离的组分与这些交换介质无吸附作用，故一般只采用蒸馏水洗脱。

（5）亲和柱层析。此法所采用的交换介质一般为植物凝集素，如伴刀豆凝集素 ConA-Sepharose、花生凝集素 PNA-Sepharose、蓖麻凝集素 RCAI-Sepharos、麦胚凝集素 WAG-Sepharose 等。其原理是利用凝集素能专一地、可逆地与游离的或复合糖中的单糖或寡糖相结合的性质，先洗脱出不能形成特异结合的杂质，然后再用含某种糖或甲基糖苷的缓冲液洗脱，释放出被吸附的糖蛋白。此法简单易行，条件温和，得率较高，糖蛋白的活性也较高，但需非极性去垢剂。

三、糖蛋白的纯度鉴定

糖蛋白是大分子化合物，其纯度只代表某一糖蛋白相似链长的平均分布，也就是一定分子量范围内的糖蛋白的均一组分。常用的鉴定方法如下。

1. 凝胶柱层析法

若糖蛋白经凝胶柱层析只出现对称的单一峰，说明该糖蛋白为均一组分。

2. 高压电泳法

不同的糖蛋白分子大小、形状及其所带电荷不同，在电场中所移动的距离也不同。若电泳后显色后，呈单一色斑或单一峰则为糖蛋白均一组分。

3. 纸色谱及薄板层析

用适当的展开剂将糖蛋白展开，显色后若呈单一斑点则表明为均一组分。

4. 高压液相法

也常用来检测糖蛋白的纯度，此法用料少，重现性好，结果可靠。

5. 超速离心法

若糖蛋白在离心场作用下形成单一区带，说明微粒具有相同的沉降速度，表明其分子的密度、大小和形状相似，则该糖蛋白是均一组分。

纯度检查一般要求有上述两种方法以上，结果才能肯定。

四、生物学功能

1. 降血糖作用

Kusano-shuichi 等报道白皮甘薯（WSSP）抗糖尿病活性，小鼠高血胰岛素含量在喂养 WSSP 3、4、6、8 周后分别降低 23%、26%、50%、60%。在葡萄糖实验耐量中，经过 7 周实验，血中血糖含量得到有效控制，通过口服 WSSP 后血中甘油三酯和游离脂肪酸含量显著降低。随后 Kusano-shuichi 等从 WSSP 中分离纯化到一种新型抗糖尿病糖蛋白组分（CAF），在葡萄糖实验耐量中，血糖含量得到有效控制，血胰岛素含量明显升高。在胰岛素抵抗组小鼠模型实验中，经过 2 周实验，血糖含量和血胰岛素含量均显著降低，从而说明该糖蛋白对 I 型糖尿病和 II 型糖尿病都有作用。

唐成康等从山茱萸中得到一种具有抑制 α-淀粉酶活性的糖蛋白（CoGP），其抑制类型表现为反竞争抑制的特点。由于 α 淀粉酶抑制剂能有效地抑制消化道内 α-淀粉酶的活性，阻碍食物中淀粉的水解和消化，减少糖分的摄取，从而降低了血糖和血脂含量水平。近几年的研究发现，糖尿病病人长时间的高血糖是导致病人多系统多脏器损害的最主要原因，所以 α-淀粉酶抑制剂的研究工作在医学上，尤其在抑制糖尿病、肥胖和高血脂等方面具有显而易见的重要意义。

2. 降血脂功能

李亚娜等研究了甘薯糖蛋白的降血脂功能。结果表明，甘薯糖蛋白具有显著降低小鼠血清胆固醇的效应，主要表现在升高高密度脂蛋白胆固醇（HDL-C），而对低密度脂蛋白胆固醇（LDL-C）有降低作用。同时，与高脂组比较，甘薯糖蛋白对肝脏胆固醇含量的升高也具有明显的抑制作用（$P<0.05$）。

李亚娜等对小鼠腹腔注射甘薯糖蛋白纯品 [5、10、15mg/（kg·天）]，连续 10 天，结果发现甘薯糖蛋白能明显降低高血脂症小鼠肝脏中胆固醇（TC）和甘油三酯（TG）含量，且使肝脏 TC/TG 比值显著降低，卵磷脂胆固醇酰基转移酶（LCAT）活性提高。

3. 抗氧化活性

高居易等从红花建莲（*Nelumbo nucifera* Gaertn.）的莲子中提取出两种具有生物活性的糖蛋白（GLP-Ⅰ和GLP-Ⅱ），并进行清除自由基作用的研究。采用邻苯三酚自氧化—化学发光法和 VitC-Cu^{2+}-yeast 悬浮液-H_2O_2 发光法测定糖蛋白清除自由基作用的能力。实验表明：两种糖蛋白均有清除自由基的作用，而 GLP-Ⅱ清除能力大于 GLP-Ⅰ。

魏文志等从小球藻中分离得到两种糖蛋白组分（CGPⅠ、CGPⅡ）。利用 α-脱氧核糖法和邻苯三酚自氧化法进行抗氧化试验，结果显示：CGPⅠ和 CGPⅡ均有一定抗氧化能力，且 CGPⅡ高于 CGPⅠ。

4. 抗肿瘤作用

万彩霞等以深层发酵松口蘑菌丝体为原料，经分离纯化获得的糖蛋白进行荷 S180 小鼠体内抗肿瘤实验，采用高、中、低 3 个剂量组［50，20，5mg/（kg·天）］，连续 14 天。结果表明高、中剂量组抑瘤率均大于 30%。糖蛋白对于肿瘤体积的生长速率起到较明显的抑制作用，且在给养周期结束后，与阴性对照组相比，样品组的肿瘤生长速度趋于平缓。样品一个重要的功效是能延长荷瘤小鼠的存活期，高、中剂量组生命延长率接近 50%。该研究显示松口蘑菌丝体糖蛋白能有效抑制肿瘤生长，并延长荷瘤小鼠存活周期，具有一定的体内抗肿瘤活性。

钱建亚等研究初步表明，甘薯糖蛋白具有抗肿瘤和抗突变活性。在研究中发现，甘薯糖蛋白可明显杀死体外培养 COS-1、SHG-4、SKOV-3 瘤细胞，但对体外培养正常细胞（如 CEF 细胞）没有作用，说明甘薯糖蛋白杀死体外培养细胞有一定特异性，并呈剂量依赖性，最小抑制量为 15μg/ml。Ames 实验结果表明，两个品种的甘薯糖蛋白提取物均具有显著抗突变作用，在实验剂量 0~5 000μg/皿范围内，具有明显抑制叠氮钠致回复突变能力，且抗突变作用随剂量增大而加强。

5. 免疫调节作用

戴玲等从中药白头翁根的水提液中分离纯化得到的均一糖蛋白组分，并研究了该白头翁糖蛋白组分（PCG-A）对小鼠腹腔巨噬细胞（M_F）免疫功能的影响。该研究发现在体外培养的小鼠腹腔巨噬细胞中加入不同浓度白头翁糖蛋白后，能在体外显著增强小鼠腹腔巨噬细胞吞噬中性红的作用，并可诱生巨噬细胞产生一氧化氮，对巨噬细胞分泌白介素-1 亦有一定的提高作用，得出了该白头翁糖蛋白对小鼠腹腔巨噬细胞有免疫增强作用。

阚建全等研究北京 2 号甘薯糖蛋白免疫调节作用。结果表明甘薯糖蛋白浓度达 50μg/ml 时可促进植物凝集素（PHA）人外周血淋巴细胞转化，100μg/ml 或者 150μg/ml 时可显著提高 PHA 刺激的人外周血淋巴细胞转化，刺激指数分别达到 6.5 和 4.5（$P<0.05$）。腹腔注射甘薯糖蛋白 80mg/（kg·天）可促进小鼠腹腔巨噬细胞的吞噬功能，吞噬指数和吞噬百分数均高于其他组（$P<0.05$）；另外，小鼠脾指数、胸腺指数的测定也得到同样的结果；小鼠脾脏、胸腺在光镜和电镜下观察发现，随着甘薯糖蛋白剂量增加，脾淋巴小结增多扩大，胸腺 T 细胞线粒体增多。这些结果表明甘薯糖蛋白有明显的增强免疫调节的功能。

李金忠等通过碳清试验及测定血清溶血素的方法，考察山药糖蛋白对小鼠免疫功能的影响，发现低、高剂量组和对照组之间小鼠胸腺器官及吞噬指数两项功能检测均为阳性，具有一定免疫调节能力。

第三节 山药蛋白的酶解加工技术

目前，国内外制备多肽常用的方法主要有：蛋白酶水解法、化学合成法、基因重组法、分离提取法等。

（1）化学合成法。为了得到具有特定氨基酸序列的多肽组分，采用逐步缩合的定向合成方法，把氨基酸按照一定的排列顺序和链接方式排列、链接起来，这种制备多肽的方法就是化学合成法。化学合成广泛用于生产高价值的短到中长级具有药理作用的肽，缺点是成本高、副反应多，而且在反应过程中可能产生对环境有害的物质。

（2）提取法。人们最早在 1902 年就从动物的肠胃中发现提取到了促胰液素，后来人们陆续又从包括人体在内的动物以及植物体内提取到了具有不同活性的多肽，近年来，也从人体的组织细胞中提取到了各种活性多肽。最常用的化学提取方法有化学萃取法、阴阳离子交换吸附柱、凝胶电泳等，另外，随着色谱技术的发展，HPLC 技术被广泛用于多肽的分离纯化以及鉴定。

（3）基因重组法。是指在分子水平利用基因工程的手段将表达目标多肽的基因分离出来后，将其与受体 DNA 重组，重组后将其转入适当的表达载体并稳定遗传和表达的过程。重组 DNA 法生产多肽已有许多成功的报道，然而由于许多生物活性短肽大多只有几个氨基酸，在用重组 DNA 技术生产方面就存在一个生产效率的问题。外文有报道通过基因重组人碱性成纤维生长因子的方法达到加快伤口愈合的目的。

（4）蛋白质水解法。水解的方法主要有酸、碱水解和蛋白酶水解。酸法最大优点是水解完全彻底，不会引起氨基酸的消旋作用，几乎能使全部的蛋白变为 L-AA，但是酸法水解会使色氨酸全被破坏，丝氨酸和酪氨酸部分被破坏，腐蚀设备，而且与含醛基化合物作用，生成黑色的物质使水解液过滤困难。碱法水解色氨酸不被破坏，工艺简单、对设备腐蚀性小，但碱水解时，丝氨酸、苏氨酸、精氨酸等大部分被破坏，且大部分氨基酸都会发生消旋作用，营养成分损失大。而蛋白质的酶水解是在比较温和的条件下进行的，反应条件温和，产品纯度高，不产生消旋作用，也不破坏氨基酸，对环境友好，是一种不彻底的水解，其主要产物是肽而不是氨基酸。因此蛋白酶解法是目前全世界生产多肽的主要方法。

一、酶解法制备怀山药多肽

1. 直接酶解法

按 20% 的底物浓度准确称取新鲜山药，加入蒸馏水打浆。然后在 90℃下热处理 30min，冷却到酶解反应温度（恒温水浴锅）后，用 NaOH 溶液调至酶反应所需 pH 值 6。依据所用酶的活力单位加入一定量蛋白酶，反应过程中不断滴加 NaOH 溶液，使 pH 值稳定在最适 pH 值 6.0。（维持 45℃不变）。反应 6h 后，沸水浴灭酶。冷却后离心取上清液，即得到黄褐色的山药活性肽溶液。

2. 提取蛋白酶解法

称取适量怀山药粉末和（NH$_4$）$_2$SO$_4$ 溶液混合，充分搅拌后置于 60℃恒温水浴中 4h。离心后取上清液，用考马斯亮蓝法测定上清液蛋白质含量。

准确称取一定量山药粗蛋白，分别加入蒸馏水打浆配制底物浓度为 1.6% 的溶液，调节反应 pH 值为 5。加入 2% 的中性蛋白酶，在 30℃温度下进行恒温酶解 6h 后，灭酶、离心，依据方案测定蛋白和游离氨基酸，并计算蛋白肽含量。

饶铖乐等对直接酶解法和蛋白酶解法提取山药糖蛋白做了优化。怀山药直接酶解法最佳条件酶解山药所消耗山药 100g，获得多肽液 270ml，根据多肽检测方案得出多肽含量为 0.9822g/L，根据多肽得率计算公式及多糖含量计算公式可计算出直接酶解法制备山药多肽的多肽得率为 0.26%，多糖残留率为 1.25%。怀山药提取蛋白酶解法最佳条件酶解山药所消耗山药 32g，获得多肽液 47ml，根据多肽检测方案得出多肽含量为 1.9866g/L，根据多肽得率计算公式及多糖含量计算公式可计算出怀山药提取蛋白酶解法制备山药多肽的多肽得率为 0.29%，多糖残留率为 1.08%。比较两种怀山药多肽制备方法，怀山药直接酶解法工艺简单，多肽得率为 0.26%，多糖残留率为 1.25%；怀山药提取蛋白酶解法工艺稍复杂，多肽得率 0.29%，多糖残留率为 1.08%。相比而言，怀山药提取蛋白酶解法较好。

二、怀山药多肽的分离与纯化

(一) 怀山药多肽的分离

准确称取一定量的山药干粉，制备怀山药粗多肽液，将粗多肽液离心，取上清液经 1000 Da 透析袋透析，透析后多肽液通过聚乙二醇 2 W 浓缩，浓缩多肽液过凝胶层析柱，收集不同分子量段组分。

(二) 怀山药多肽的纯化

1. 乙醇脱糖化

山药多肽酶解液除了含有多肽、蛋白、氨基酸，还含有不少糖类物质。根据糖类不溶于乙醇的原理，采用无水乙醇沉淀多糖。按照 1∶1 的比例向多肽原液中加入无水乙醇，震荡 1h。

2. 多肽液的透析脱盐

山药蛋白酶解多肽液除含有多糖、多肽外，还含有未水解的蛋白及水解后的氨基酸以及酶解过程带入的盐类和本身所含的小分子皂苷、尿囊素等。将脱糖多肽液经三氯乙酸按 1∶1 比例处理，可除去多肽液中剩余的大部分蛋白，脱除蛋白后，通过 1 000Da 透析袋透析，多肽液中于 1 000Da 的小分子物质均被透析掉，故多肽液只剩下待分离的不同分子量多肽组分。透析完成后，取多肽液用的硝酸银溶液和 0.2mol/L 的氯化钡溶液检查是否透析完全，若有沉淀产生，应重新进行透析，直到检查结果无沉淀产生为止。

(三) 多肽液的凝胶排阻色谱分离

1. 凝胶排阻色谱原理

凝胶排阻色谱（也叫凝胶分子筛色谱）分离方法的产生和发展至今有多年的历史，其所用的介质是交联葡聚糖、琼脂糖、或聚丙烯酰胺形成的凝胶颗粒。凝胶颗粒的内部是多孔的网状结构。当不同大小的多肽混合物通过装填有凝胶颗粒的色谱柱时，比凝胶网孔大的分子不能通过网孔，随着溶剂在凝胶颗粒之间的空隙向下移动。并最先流出柱外。比凝胶网孔小的分子能程度不同地自由进出凝胶颗粒网孔内外，其中比较大的分子在网孔内停留概率小，先被洗脱出来，而比较小的分子则后被洗脱出来，这样便使怀山药多肽混合物得到分离。

2. 葡聚糖凝胶的选择

葡聚糖凝胶是一种珠状的凝胶，含有大量的羟基，很容易在水中和电解质溶液中溶胀。G 型的葡聚糖凝胶有各种不同的交联度，因此它们的溶胀度和分级分离范围也有所不同。葡聚糖凝胶的溶胀度基本上不因盐和洗涤剂的存在而受影响。

葡聚糖凝胶有不同的粒度。超细级的葡聚糖凝胶是用于需要极高分辨率的柱色谱和薄层色谱。粗级和中级的凝胶用于制备性色谱过程，可在较低的压力下获得较高的流速。另外，粗级也可用于批量工艺。葡聚糖凝胶的主要类型及分离范围和应用如表 4-1 所示。

表 4-1　葡萄糖的主要类型及分离范围和应用

产品名称	分离范围	应用
葡聚糖凝胶 G-10	<700	缓冲液交换、脱盐，分离小分子，去除小分子
葡聚糖凝胶 G-15	<1 500	缓冲液交换、脱盐，分离小分子，去除小分子
葡聚糖凝胶 G-25	1 000~5 000	工业上脱盐及交换缓冲液
葡聚糖凝胶 G-50	1 000~30 000	多肽分离、脱盐、清洗生物提取液、分子量测定
葡聚糖凝胶 G-75	2 000~70 000	蛋白分离纯化、分子量测定、平衡常数测定
葡聚糖凝胶 G-100	2 000~120 000	蛋白分离纯化、分子量测定、平衡常数测定
葡聚糖凝胶 G-150	5 000~300 000	蛋白分离纯化、分子量测定、平衡常数测定
葡聚糖凝胶 G-200	5 000~600 000	蛋白分离纯化、分子量测定、平衡常数测定

3. 凝胶层析柱的制备

乙醇浸泡→无盐水浸泡→盐酸浸泡→装柱

洗脱液：50mmol/L 三羟甲基氨基甲烷/ HCl + 0.1mol/L 氯化钠（pH 值 8.0）

4. 多肽分级分离

将怀山药多肽浓缩液，上葡聚糖 G-50 柱，对混合肽进行凝胶排阻法分离，用洗脱液洗脱，流出液经紫外分光光度计在 280 nm 处测定吸光度值，以洗脱液时间为横坐标，吸光度值为纵坐标作图，得到多肽凝胶过滤洗脱曲线。分别收集图中各峰值附近的洗脱液，记录所收集溶液体积。浓缩后即得到多肽的各级组分。

第五章　山药其他功能成分加工技术

第一节　山药其他功能成分研究

一、尿囊素

尿囊素（allantoin）化学名为1-脲基间二氮杂戊烷-2，4-二酮，具有镇静、局部麻醉等作用，外用能促进皮肤溃疡面和伤口愈合及生肌作用。山药中的尿囊素具有抗刺激，麻醉镇痛，促进上皮生长、消炎、抑菌等作用，常用于治疗手足皲裂、鱼鳞病、多种角化皮肤病。对多种皮肤病有一定的治疗效果，常被用于化妆品中。据报道；它还是糖尿病、肝硬化及癌症治疗剂的重要成分；还可用于治疗骨髓炎等。因此许多含山药的制剂，用尿囊素作为质量标准的评价依据。尿囊素在山药中含量高，常被用作评价山药质量的成分。测定山药尿囊素含量的方法有许多，比如荷移光度法、薄层扫描法、高效液相色谱法、毛细管电泳法、红外光谱法等，以高效液相色谱法使用频率最高。

1. 荷移光度法

四氯对苯醌和尿囊素在30℃硼酸钠与氢氧化钠为酸度调节液中发生荷移反应，15~100min后生成1：2稳定荷移络合物，其在可见光区558nm有最大吸收，通过山药样品与标准品吸光度的比值，计算山药样品中尿囊素的含量。刘晓庚等使用该方法能够检测的最低浓度为1.6μg/ml，尿囊素在 $0\sim4.0\times10^{-4}$ mol/L浓度范围内遵循朗伯比尔定律。

2. 薄层扫描法

李明静等用薄层扫描方法确定了山药中尿囊素的提取条件，结果表明用体积比为40%甲醇水溶液为提取溶剂提取效果最好；用高效液相色谱方法测定了山药中尿囊素的含量，考察了不同产地山药样品中尿囊素含量的差异。该法平均回收率为96.8%，相对标准偏差为4.0%。

周本宏等将山药尿囊素提取液与尿囊素对照品在甲醇-丙酮-甲酸-水

（40∶2∶1∶6）展开系统中上行展开，用自动喷雾装置喷对二甲氨基苯甲醛-95%乙醇-浓盐酸显色剂，出现的斑点在空气中晾 5min 后于 75℃ 鼓风加热 5min，阴凉黑暗处放冷后扫描测定。

3. 毛细管电泳法

赵新峰等探讨了山药中尿囊素含量测定毛细管电泳法的可行性。研究者选用实验室拼装的毛细管电泳仪，使用规格为 65cm×75μm×50cm 的未涂层石英玻璃毛细管柱，在 210nm 检测波长，10cm×5s 重力进样，15kV 运行电压，20℃ 温度，pH 值=9.4 的 30mmol/L 硼砂溶液背景电解质的条件下进样。此方法平均回收率为 101.8%；RSD 为 2.4%（n=5），说明毛细管电泳法用于山药中尿囊素含量测定是可行的。

4. 红外光谱法

白雁等对山药粉末进行近红外光谱检测并应用 HPLC 法测定其尿囊素含量，同时结合 OPUS 软件建立的 NIR 光谱特征值与 HPLC 测定的结果之间的校正模型，分析预测样品。这种方法可以直接测定山药中尿囊素含量，无须进行复杂的样品前处理，分析速度快，无化学污染，可以对山药药材中尿囊素含量进行快速的测定。

5. 高效液相色谱法

王玲等用 HPLC-UV 法测定了山药中的尿囊素含量，建立了山药中尿囊素含量的 HPLC 的测定方法，同时考察各地山药质量的优劣。用规格为 200mm×4.6mm，5μm 的 ODS-C18 色谱柱，在甲醇-水（1∶9）为流动相，流速 0.5ml/min，柱温箱温度设为 30℃，检测波长 224nm 的条件下进样。尿囊素在 0.05~0.5μg 范围内呈现出良好的线性，平均回收率为 101.8%，RSD=2.0%，提取的山药尿囊素样品在 3h 内稳定性良好。尿囊素无共轭结构，紫外吸收弱，在溶液中容易发生烯醇式与酮式的互变异构，用 UV 检测尿囊素灵敏度低。该方法可为山药质量控制提供可靠手段，各产地山药中尿囊素含量差异较大，其中以"怀山药"中尿囊素的含量最高。

张军等用 HPLC-Elsd 测定山药中的尿囊素含量，供试品采用 20%乙醇超声提取，HypersilC18（200mm×4.6mm，5μm）色谱柱，甲醇-水（10∶90）为流动相，流速为 0.5ml/min，雾化温度为 35℃，蒸发温度为 50℃，载气流量为 1.5L/min。该方法稳定转移，尿囊素响应信号远高于其他干扰物，测定效果比 UV 检测好。

二、膳食纤维

膳食纤维被列为继传统的六大营养素之后，能够改善人体营养状况，调节机体功能的"第七类营养素"。膳食纤维在蔬菜、水果、粗粮杂粮、豆类及菌藻类食物中含量丰富。如何有效地从这些食品原中提取膳食纤维成为近年来研究的热点。

我国具有丰富的山药资源，随着山药加工产业的不断发展，每年都会产生大量废弃的山药皮渣。近年来，有学者通过研究发现山药皮渣中含有丰富的膳食纤维，研究山药皮中膳食纤维的高效提取方法，对山药的深加工及山药皮渣资源的充分利用具有重要的意义。目前，膳食纤维的提取方法主要有化学分离法、膜分离法、超声法和超声—酶结合提取法。化学分离法是指将粗产品和原料干燥、磨碎后，采用化学试剂提取植被膳食纤维的方法。膜分离法是利用天然或人工制备的具有选择透过性膜，以外界能量或化学位差为推动力对双组分或多组分的溶质和溶剂进行分离、分级、提纯和浓缩的方法。超声法是利用超声波的空化作用与机械效应等加速胞内有效物质的释放、扩散和溶解，从而提高提取效率的一种方法。超声—酶结合提取法指在超声处理的同时，用各种酶（如 α-淀粉酶、蛋白酶、糖化酶和纤维素酶）降解膳食纤维中含有的其他杂质，再用有机溶剂处理，用清水漂洗过滤，甩干，获得纯度较高的膳食纤维。

鞠健等以山药皮为原料提取可溶性膳食纤维，通过对化学试剂法、酶解法、超声波法和超声波酶解法进行比较，发现采用超声波酶解法提取可溶性膳食纤维得率最高为 5.90%，在此基础上对该法所提取的可溶性膳食纤维的物化特性进行研究。结果显示，采用超声波酶解法提取的可溶性膳食纤维的吸水膨胀性为 2.74ml/g、持水性 4.37ml/g、持油性 1.30g/g、葡萄糖吸收能力为 14.25mmol/L。同时他还将该法所提取的粗可溶性膳食纤维添加到饼干中，通过对饼干的酥性、硬度和感官进行检验，得出可溶性膳食纤维的最适添加量为 5%，在此条件下所得饼干的酥性为 6 955g/s，硬度为 1 417g。

三、山药皂苷

（一）山药皂苷的药理功能

山药皂苷属于薯蓣皂苷中的一类，是异螺旋甾烷的衍生物，由糖原和异戊二烯多聚体连接而成，具有抑瘤、降血糖、双向免疫调节、改善心脑血液循环、防止心律失常、抑制神经递质释放等功效。王丽娟等研究发现，薯蓣皂苷元对肉瘤-180（S-180）、腹水型肝癌（HepA）、小鼠宫颈癌-14（U14）均有明显的抑制作用，其抑瘤率在 30%～50%。高宏武通过动物试验证明山药甾体皂苷对正常小鼠和四氧嘧啶小鼠均具有良好的降血糖效果。于海荣等通过血清药理学试验，证明穿山龙总皂苷可抑制由 ConA 诱导大鼠脾细胞生成 IL-2 的能力，进而抑制 T 淋巴细胞增殖。赵云茜等通过探讨薯蓣皂苷对大鼠心肌缺血再灌注损伤的保护作用，结果发现薯蓣皂苷高、低剂量组能显著改善大鼠血流动力学参数，降低心肌缺血再灌注（IR）所致室性心动过速和心室颤动的发生率，缩小心肌梗死面积，明显改善 IR 造成的心肌细胞肿胀、细胞核碎裂、肌束断裂、间质充血、炎性细胞浸润等损害。

（二）山药皂苷提取技术

山药皂苷有多种提取方法。吴建华和崔九成研究认为，采用盐酸回流—石油醚浸提工艺可实现对山药皂苷的提取，具体方法为：加入与山药等量的水高速搅拌 30min，然后加入 1.2 倍体积的 3.5mol/L 盐酸回流水解 3h，冷却、过滤、水洗、干燥，并在 30～60℃ 条件下用石油醚提取干燥残渣 8h，再进行浓缩、室温放置至结晶析出，最后洗涤、干燥，即可获得山药皂苷。也有研究采用乙醇对山药皂苷进行浸提，实现了山药皂苷提取工艺的简单化。如张敏等通过试验得出乙醇浸提山药总皂苷的最佳工艺：浸提温度 60℃，浸提时间 6 h，乙醇体积分数 80%，料液比 1∶8；在此提取工艺条件下山药皂苷的提取率可达 0.052%。

四、山药脱氢表雄酮

（一）山药脱氢表雄酮药理功能

国内外临床试验结果表明，脱氢表雄酮对糖尿病、肿瘤、心血管疾病等均具有一定的预防和治疗效果。Aoki 等认为脱氢表雄酮可降低肝脏葡萄糖-6-磷酸酶、果糖-1，6-二磷酸酶的活性，抑制肝糖异生，降低血糖浓度，对治疗糖尿病有一定疗效。Bednarek-Tupikowska 等发现脱氢表雄酮可抑制血小板过氧化物歧化酶的活性，保护动脉免受氧化损伤，拮抗动脉粥样硬化。唐雪峰研究认为从山药中获得的 DHEA 提取物对抑制 S180 肉瘤生长具有一定的效果，当使用剂量达 2.08mg/（kg·d）时，对实验小鼠肉瘤具有显著的抑制作用（$P<0.05$）。

（二）山药脱氢表雄酮提取技术

近年来，从山药中分离出一种重要天然产物——脱氢表雄酮（DHEA），它属于 C19 类固醇激素，其化学成分为 3β-羟基雄甾-5-烯-17-酮，是睾酮和雌二醇性激素的前体，具有极高的医学研究价值。由于脱氢表雄酮的结构与薯薯皂苷结构相似,因此在提取过程中易受薯蓣皂苷干扰。目前常用的提取方法是自然发酵法,即先通过内源酶的酶解作用使一部分呋甾醇皂素转化为螺甾醇皂素,然后加酸水解,其水解物再用石油醚提取。唐雪峰在单因素试验的基础上采用正交设计,得出自然发酵提取山药脱氢表雄酮的最佳提取工艺为:料液比1:20,60℃水浴中发酵48h,然后以硫酸为酸解溶剂,90℃酸解24h,索氏提取24h。在此提取条件下,脱氢表雄酮得率可达5.73mg/100g。

五、多酚

多酚类化合物是指分子结构中有若干个酚性羟基植物成分的总称,包括单宁类、酚酸类以及花色苷类等。多酚具有抗氧化功能,氧化损伤会导致许多慢性病,如心血管病和癌症等,多酚的抗氧化功能可以预防这些慢性病。

提取山药中多酚类物质的方法主要有机溶剂浸提法。李伟等利用有机溶剂提取零余子中多酚类物质,最佳提取工艺是酸性乙醇75.3%,料液比1:30,提取温度82.5℃,多酚提取率11.1615mg/g。樊素芳等利用丙酮提取山药中总多酚,其最佳工艺条件是50%丙酮,时间80min,温度55℃,料液比1:15,多酚收率为0.18mg/g。

赵一霖等研究了原生贡蓣山药乙醇提取多酚的提取工艺。单因素分析了乙醇体积分数、料液比和提取时间对山药皮、山药肉提取物多酚含量的影响。并进行响应面优化试验,得出山药皮中提取总多酚物质的最佳提取工艺为:乙醇体积分数50.07%,料液比1:10.89,提取时间57.08min,在此条件下总多酚物质含量为(4.33±0.26)mg/g;山药肉中提取总多酚物质的最佳工艺为:乙醇体积分数51.33%,料液比1:9.01,提取时间59.33min,在此条件下总多酚物质含量为(1.28±0.13)mg/g。

六、山药脂肪酸类成分

脂肪酸是一类长烃链的羧酸,常以酯的形式存在于动物脂肪或植物油中。脂肪酸分为非必需脂肪酸和必需脂肪酸。必需脂肪酸不仅是人体所必需的营养物质,还有降低血浆胆固醇预防冠状动脉心脏病等作用,且与人体的许多生理功能都有一定关系。

王勇等用GC-MS分析了石油醚索氏提取得到的山药油脂的成分,共发现了27种脂肪酸,其中3种十八碳烯酸:亚油酸、油酸、亚麻酸。

牛建平等以二氯甲烷为提取溶剂提取了怀山药中的有机成分,利用GC-MS对其进行分离鉴定,鉴定出了41种有机成分,主要为脂肪酸类、甾醇

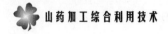

类等。

山药中含有亚油酸、亚麻酸等脂肪酸类成分，但其含量测定方法目前还未见文献报道。

七、山药腺苷

腺苷全名腺嘌呤核苷，是一种内源性嘌呤核苷，遍布人体细胞，生理效应广泛。腺苷磷酸化后转化为腺苷酸，腺苷酸可以为心肌代谢提供能量。腺苷还与扩张冠状动脉血管，增加缺血区血流量等心脏保护效应有关。近年来腺苷已成为心血管界热烈讨论的话题。

白冰等首次从山药中检测出了腺苷，并将腺苷作为山药的有效成分之一。腺苷的含量测定方法也逐渐成熟。腺苷极性较大，其提取方法多采用超声辅助技术、水浴回流提取等，提取溶剂多选用甲醇、乙醇、氯仿等。李宁宁等采用反相 HPLC 法测定怀山药中腺苷含量，应用 Zorbax SBC18 色谱柱，6%甲醇-94%磷酸盐缓冲液（pH 值为 6.5）流动相，0.3ml/min 流速，25℃柱温，260nm 检测波长。

第二节 紫山药功能性成分研究

一、紫山药概述

紫山药（Purple Yam），又名参薯，属薯蓣属（*Dioscorea*），薯蓣属是薯蓣科最大的一个属，全世界薯蓣科有 9 属，约 650 种，而薯蓣属占近 600 种，主要分布于非洲、东南亚、南美及中美洲等热带及亚热带地区，仅少数分布于欧洲和北美洲。

紫山药是无公害的一年生名贵蔬菜，鲜红发亮，块茎不规则，状似脚板，故俗称脚板薯。紫山药生长适宜温度为 25～28℃，对土质要求不高，但肥沃、保水、保肥力强的土质最佳，适宜生长在山区，目前我国仅在江西、广西等地种植，具有明显的地域性。

紫山药富含有淀粉、氨基酸、维生素、皂苷等多种有益于人体健康的营养物质。块根中含有蛋白质 1.5%，碳水化合物 14.4%，并含有多种维生素和胆碱等，营养价值极高。富含薯蓣皂（天然的 DHEA），内含有各种荷尔蒙基本物质，常吃紫山药有促进内分泌荷尔蒙的合成作用。紫山药的蛋白质含量和淀粉含量都很高，所以常吃紫山药有宜于皮肤保湿，还能促进细胞的新陈代谢，是餐桌佳肴。在民间，紫山药具有健脾养胃、益精固肾等功效，久服可强身、抗病、耳聪目明。它的皂苷还具有降血脂、调节血压以及辅助治疗癌症、糖尿病、慢性肠炎的作用。因而，紫山药是一类极具开发价值的药膳食品。

二、紫山药色素

（一）紫山药色素药理功能

紫山药色素属于安全无毒的天然食用色素，其色泽鲜艳、稳定性好，可广泛用于食品、药品和化妆品中。它还具有抗氧化、抗突变等多种生物活性，是一类具有发展前途的食品着色剂。在食品、药品及化妆品行业中具有广阔的应用前景。目前国内对紫山药中色素的研究报道甚少。有研究报道，天然色素在抗氧化、抗炎症、抗突变、抗肿瘤、预防和治疗心血管疾病、神经系统疾病等方面有独特的功效。山药色素作为一种天然的水溶性色素，同样具有多种生理活性，尤以抗肿瘤、抗氧化性能较突出。于东等采用 HPLC-DAD-ESIMS 技术对紫山药色素进行鉴定，发现紫山药花色苷中含有矢车菊素-3-葡萄糖苷（G3G）。卢丽和韩璐用 2.5、5.0、10.0、20.0μg/ml 矢车菊素-3-葡萄糖苷分别作用于 H1299 细胞，24h 后对应的细胞存活率分别为 85.4%、71.8%、62.8% 和 45.6%，说明矢车菊素-3-葡萄糖苷可显著抑制肺癌 H1299 细胞增殖，具有显著的抗肿瘤活性。倪勤学等通过 DPPH 体系测定，发现紫山药色素清除自由基的 IC50 为 98.14μg/ml，即紫山药色素具有较强的抗氧化活性。

（二）紫山药色素提取技术

山药色素主要存在于紫山药或红山药中，红山药中色素属于花色苷类化合物，花色苷是一类天然的水溶性色素，是由花色苷配基（苷元）与糖通过糖苷键连接而成的一类多酚类化合物，广泛存在于植物的根、茎、叶、花、果实等器官的细胞液中，从而使其呈现出红色、蓝色或紫色等颜色。目前已发现的花色苷种类已达 400 多种，而且每年仍有新的种类被发现。花色苷作为一种天然色素，安全、无毒、资源丰富，而且具有一定营养和药理作用，在食品、化妆品、医药领域有着巨大应用潜力，是替代合成色素的理想材料。一般采用乙醇浸提法提取。

高压液相色谱—二极管阵列检测—质谱检测（HPLC-DAD-ESIMS）是一种比较先进的分析检测方法，可以在分离化合物的同时，在线提供每个分离化合物的紫外光谱和质谱信息，实现样品的快速定性和定量，可用于天然产物和药物的快速分析检测。由于花色苷类化合物种类繁多，标准品不易获得，传统的色谱法和高压液相法等分析方法很难对其进行定性分析，而 HPLC-DAD-ESIMS 已被广泛地应用于花色苷的初步鉴定。于东等用 HPLC-DAD-ESIMS 技术从紫山药中检测到具有花色苷特征的化合物。

紫山药色素中主要为花青素类，花青素（Anthocyanidin）又称花色素，是一种广泛存在于植物中的水溶性天然食用色素，属黄酮类化合物。据初步统计，27 个科，72 个属植物含花青素。它存在于植物细胞的液泡中，赋予植物各种颜色，如橙色、红色、深红、蓝色及紫色等。目前，花青素广泛用于食品、药品、染料、化妆品等领域中，备受消费者的关注与青睐，具有广阔的发展前景。目前提取花青素的常用方法主要为溶剂提取法，国外多采用酸化甲醇、硫酸或盐酸水溶液等提取，国内则采用柠檬酸、盐酸水溶液及酸化乙醇进行提取，将色素粗提液经减压浓缩、干燥后制得色素粗品。花青素纯化的主要方法有：大孔树脂吸附、膜分离法、层析法、结晶法等。近几年国内用大孔吸附树脂纯化天然色素的研究较多。经大孔吸附脂处理可有效地去除色素粗提液中的大量糖类、黏液质等杂质，显著提高色素品质及其稳定性。

尹尚军等运用 Box-Bebnken 响应曲面设计法进行红山药色素提取条件的优化研究，结果表明，乙醇提取红山药色素的最佳工艺条件为：乙醇体积分数 60%，料液比 1:10，pH 值 3.08，温度 79.0℃；在此条件下，红山药色素粗品得率为（30.24±0.26）%，一次性提取率高达 72.63%。倪勤学等以 0.5% 盐酸乙醇溶液为提取剂，在提取温度 60℃、料液比 1:30 的条件下提取 80min，所得紫山药花色苷含量为 2.075mg/g，此法虽然简单省时，但由于提取剂中含有一定量的盐酸，增加了产品安全风险。

傅婧等对紫山药色素提取工艺进行了优化，结果表明紫山药表皮色素的最佳提取条件为用 40% 乙醇溶液作为浸提剂，温度为 70℃，时间 2h，料液比 1:10。用 XDA-7 树脂对色素进行纯化效果最佳。通过动态吸附和解吸实验，确定最佳吸附工艺条件为：色素样液浓度为 2.0mg/ml，样液 pH 值为 3.0，吸附速率为 2.5ml/min，在此条件下吸附率达 92.78%。最佳解吸工艺条件为：60% 乙醇作为洗脱剂，解吸流速为 2.5mg/ml、洗脱剂用量为 2.5BV，在此条件下解吸率为 92.21%。解吸后的紫山药色素液经真空干燥后得到色价为 51.2 的紫黑色粉末，为未纯化色素粗品色价的 7 倍左右。

（三）紫山药色素稳定性的研究

花青素属天然食用色素，具有安全、低毒、色泽鲜艳等优点，在抗氧化、抗突变、抗肿瘤、预防心血管疾病等方面具有良好的生理功能，备受关注和青睐。但花青素的稳定性易受外界因素如光照、环境温度、酸强度等因素的影响，使其应用受到限制。因此，研究和提高花青素的稳定性就显得尤为重要。本节主要研究 pH 值、温度、光照、金属离子、氧化剂和还原剂、抗坏血酸等因素对紫山药色素稳定性的影响。

1. pH 值的影响

紫山药色素在不同 pH 值条件下具有显著的颜色变化。随着 pH 值逐渐增大，紫山药色素的最大吸收波长发生红移。颜色也随之由红色变为紫红色，最后变成蓝紫色，这主要是由于其分子结构发生转变。pH 值对紫山药色素溶液的稳定性影响较大，紫山药色素在酸性条件下稳定。在 pH 值≤3 时，吸光度变化较小，放置 4 周后，色素残存率仍高达 90%，色素性质稳定；色素溶液在 pH 值为 5 条件下放置 4 周后，保存率为 80.5%，但稳定性开始下降；pH 值≥7 时，放置 4 周后，颜色发生显著变化，保存率明显降低，尤其当 pH 值为 11 时，保存率低至 42.6%。

2. 温度的影响

紫山药色素在室温和低温冷藏（4℃）条件下较稳定。随着温度的升高，色素的保存率逐渐下降。但是紫山药色素的热稳定性较好，在 90℃受热 7h 后，色素保存率仍大于 80%。但在低温或室温条件下保存效果最佳。

3. 光照的影响

紫山药色素对光较为敏感，使用和保存时应避光处理。室内自然光和室内暗处对色素稳定性的影响较小，放置 12h 之后，色素保存率仍大于 96%，但是避光保存对色素稳定性的影响最小；日光直射对色素稳定性的影响极大，当放置 6h，保存率降低至 22.5%，基本褪为无色。

4. 金属离子的影响

金属离子对紫山药色素影响不一：Ca^{2+}、Zn^{2+} 具有增色作用；Fe^{3+}、Fe^{2+} 对色素有不良影响，尤其是 Fe^{2+}，当浓度为 $200\mu g/ml$ 时，放置 24h 后保存率仅为 69.2%，导致色素颜色变淡，稳定性下降；其他金属离子如 Cu^{2+}、Al^{3+}、K^+、Mg^{2+} 对色素溶液的稳定性影响不明显。因此，紫山药色素在生产和使用过程中应避免与铁质设备或容器接触。

5. 氧化剂和还原剂的影响

紫山药色素耐氧化性较差，氧化剂的存在导致色素保存率下降，稳定性明显降低，且氧化剂浓度与色素保存率呈反比。随着氧化剂浓度的增加，色素颜色由紫红色变为淡红甚至褪色。例如放置 4h 后，加入 0.1% 浓度 H_2O_2 的色素保存率为 85.4%，而加入 1.0% 浓度 H_2O_2 的色素保存率仅为 57.6%。因此，使用或保存紫山药色素时应避免添加强氧化剂。

强还原剂对紫山药色素稳定性有不良影响。还原剂浓度与色素保存率成反比关系，随着还原剂浓度的增加，色素溶液吸光度降低，保存率明显下降。例如当强还原剂 Na_2SO_3 浓度达到 1.0% 时，色素溶液保存率低至 58.3%，Na_2SO_3 同时具有漂白作用，导致色素颜色变淡甚至褪色。

6. 抗坏血酸的影响

紫山药色素对抗坏血酸较敏感，添加抗坏血酸后，紫山药色素的保存率随时间延长而降低。不同浓度抗坏血酸对紫山药色素保存率的影响不同，浓度越高，色素损失越大，保存率下降越快，使用时抗坏血酸浓度应小于 0.5%。

pH 值、温度、光照、金属离子、氧化剂及还原剂、食品添加剂等对紫山药色素稳定性均有影响。紫山药色素是花青素类，水溶性较好。pH 值对色素影响较大，在酸性条件下较稳定。对光和热具有良好的稳定性，但长时间高温或直射光将导致色素稳定性明显下降，因此紫山药色素应在室温或低温（4℃冰箱）下避光保存。Fe^{3+}、Fe^{2+} 对紫山药色素具有减色作用，而 Cu^{2+}、Ca^{2+}、K^+、Zn^{2+}、Mg^{2+} 和 Al^{3+} 等离子对色素稳定性无不良影响。另外，紫山药色素对 Na_2SO_3、H_2O_2 和抗坏血酸较敏感，使用过程中应避免。

三、酚酸

山药作为一种营养丰富且具有保健功能的食品，其功能性与其所含有的功能性天然产物的种类和含量有关。酚酸类物质是植物体内的次级代谢产物，是一种重要的多酚类物质，约占植物总多酚含量的三分之一，目前，对果蔬食品中功能性天然产物的研究，主要以类黄酮的研究为主，而对同样具有功能性的酚酸类研究还很少。酚酸类几乎存在于所有植物组织中，加强对果蔬中酚酸类的定性和定量研究，可以更全面地了解植物食品中的微量功能成分。

于东等采用高压液相色谱—二极管阵列—质谱联用技术，在线得到所分离化合物的紫外光谱和分子量等信息，根据化合物的保留时间，特征吸收光谱及相对分子量与标准品对照定性，峰面积外标法定量，对紫山药中的酚酸类化合物进行了分析。结果表明，酚酸在紫山药中主要以可溶态酚酸形式存在。紫山药中可溶态酚酸类和不可溶态酚酸类均主要为芥子酸和阿魏酸，且芥子酸含量均高于阿魏酸含量。紫山药中可溶态酚酸含量为 356.71μg/gDW；不溶态酚酸含量为 26.92μg/gDW。对试验采用的测定方法的评价显示，该法具有快速、准确、重复性好等优点。

四、总酚化合物

山药是一种药食兼用的蔬菜，营养丰富并且具有保健功效，深受消费者青眛。多酚类化合物是紫山药中重要的功能性成分之一。

于东等采用响应面法对紫山药总酚提取工艺参数进行了优化，建立的紫山药总酚得率的二次数学模型具有显著性，决定系数为 0.9649。得到的总酚提取的最佳工艺条件为：乙醇体积分数 45.33%，提取时间 45.76min，提取温度 70℃，液料比值 29.63。紫山药总酚得率的最大预测值为 7.335mg/g，实际得率为 7.403mg/g。该模型可准确有效预测乙醇体积分数、提取时间、提取温度、液料比值与紫山药总酚提取率的关系。

第三节　山药致痒活性成分

一、山药致痒成分简介

瘙痒是一种不愉快的感觉，严重的瘙痒影响患者的生活质量，寻找新型的止痒药物靶点，是解决目前临床上抗组胺药治疗无效的瘙痒症的重要途径。一类新型的 G 蛋白偶联受体（G-protein-coupled receptors，GPCRs） — Mrgprs（Mas-related G-protein-coupled receptors，Mrgprs）家族的发现为痒觉产生的机理研究和瘙痒疾病的治疗带来了希望：Mrgprs 家族蛋白只在外周小直径神经元上表达，如背根神经节（Dorsal root ganglion，DRG）、三叉神经节（Trigeminal ganglia，TG），这些神经元是参与痒觉形成的初级感觉神经元；许多 GPCR 参与痒觉的产生与传递，如组胺 HI 受体（Histamine Hl-receptor，HlR）、蛋白酶激活受体（Protease-activated receptors，PARs）研究表明，Mrgprs 能够被非组胺类的致痒物质如氯喹、小肽 BAM8-22、SLIGRL、β-丙氨酸激活，导致痒觉的产生；一些瘙痒疾病如慢性瘙痒，接触性皮炎等也与Mrgprs 关系密切。因此，Mrgprs 在非组胺依赖的痒觉中可能扮演重要的角色。

Mrgprs 分布具有很高的特异性，主要分布在外周，它们特异性地表达在小直径感觉神经元上（直径 20μm 左右），Mrgprs 这种选择性表达在外周的方式，提示其和躯体感觉可能有很大联系。表达 Mrgprs 的神经元还同时表达一些与痒和疼痛相关的受体，比如 P2X3、VR1、SP、GRP、H1R、Trk A、Ret 等，其中 GRP、H1R 等与痒有关，而 P2X3、VR1、SP 等与疼痛有关，这些受体共表达的特性，提示 Mrgprs 参与了疼痛和痒的生理反应。其中，Mrgpr A3 参与非组胺依赖的痒觉传递、Mrgpr C11 激活后可以介导非组胺依赖的痒觉、Mrgpr D 介导痒觉主要通过 PLC 通路激活下游相关的离子通道。Mrgprs 没有普通意义上的配体，根据目前研究，Mrgprs 主要能被一系列内源性的肽类激活。

痒严重影响患者生活质量，甚至引起患者的精神疾病，因此受到越来越多的关注。Mrgprs 家族的发现与功能研究，不仅拓展了痒的研究学说，而且该家族中的 MrgprA3、C11、D 介导非组胺依赖的痒觉，其研究具有重要意义。虽然目前的研究取得了一定成果，但是该家族受体大部分成员的功能还没有确定，由受体激活到离子通道开放之间的信号通路还不明确。我们也相信，随着对 Mrgprs 家族的深入探索，从天然产物中寻求与 Mrgprs 相关的致痒活性物质（配体），不仅能更好地研究 Mrgprs 家族成员的功能，更将为临床治疗一些组胺拮抗剂治疗无效的瘙痒症，如皮肤干燥瘙痒、过敏性皮炎、某些药物副作用导致的瘙痒、未知物质的接触性痛痒，提供新的思路及方法，为治疗瘙痒新药的开发提供理论依据。

二、山药致痒活性成分的提取与 Mrgprs 家族相关性

（一）山药致痒活性成分粗提物的制备

目前常用的提取方法为有机溶剂萃取法。溶剂萃取法，又称液—液萃取法，根据相似相溶原理：极性化合物易溶于极性溶剂，非极性化合物易溶于非极性溶剂，利用液体混合物各组分在不同极性溶剂中溶解度差异，用与水不互溶的有机溶剂将溶质萃取（转移）到有机相中而实现分离目的。山药致痒活性成分可能是一类水溶性好、极性较大的化合物。根据相似相溶原理，随着提取溶剂的极性增大，其致痒活性也随之增加，极性较低的萃取溶剂乙酸乙酯及氯仿获得的萃取相几乎没有致痒活性，而萃取获得的正丁醇相和残余水相都具有较好的致痒活性，且以萃取残余水相的致痒活性最高。

量取一定体积的新鲜山药汁加入 85%的乙醇室温静置 3h，提取三次后合并溶液，真空泵抽滤分离出沉淀，放至烘箱干燥，滤液减压浓缩获得乙醇浸膏。称取适量乙醇浸膏，以纯水溶解后，依次以氯仿、乙酸乙酯、正丁醇萃取，减压浓缩回收溶剂后获得各个萃取相，包括氯仿相、乙酸乙酯相、正丁醇相、萃取残余水相。具体提取过程见图 5-1。

简暾昱等对山药中致痒成分用有机溶剂进行提取。结果表明，采用极性较大的乙醇提取山药时发现，与乙醇提取后沉淀相比，乙醇提取物浸膏确实具有显著的致痒活性，抓挠次数可达（502.7±30.1）次/30min（$P<0.05$），而采用不同极性溶剂萃取法对有显著致痒活性的乙醇浸膏进行提取时发现，山药致痒活性物质主要集中在极性较大萃取溶剂中，考察不同极性溶剂萃取提取的物质发现，各溶剂萃取层的致痒活性依次为：萃取残余水相>正丁醇相>乙酸乙酯相≈氯仿相。

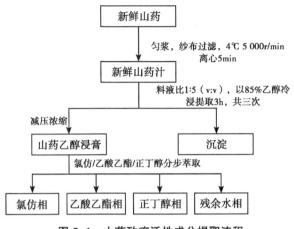

图 5-1 山药致痒活性成分提取流程

（二）山药致痒活性提取部位的动物行为学评价

称取乙醇提取后沉淀物、乙醇提取浸膏、氯仿相、乙酸乙酯相、正丁醇相、萃取残余水相，以纯水溶解或混悬制成饱和溶液，给予野生型小鼠背部皮下注射各个受试部位，观察 30min 之内动物的抓挠反应。

简暾昱等对比 Mrgpr-cluster△-/-基因敲除小鼠与同窝野生型小鼠对新鲜山药汁的抓挠行为学发现，Mrgpr-cluster△-/-基因敲除后，小鼠对新鲜山药汁的反应显著降低，表明山药致痒可能与 Mrgprs 家族有关，且山药致痒活性成分的受体可能存在于 Mrgpr-cluster△-/-该基因族中。

三、山药致痒活性成分的分离纯化及结构鉴定

（一）葡聚糖凝胶色谱法分离纯化山药致痒活性成分

葡聚糖凝胶色谱分离法（gel chromatography），又称分子筛层析（molecular sieve chromatofraphy）或排阻层析（exclusion chromatography）。它是一种分子筛，具有交联的立体网状结构，其中应用较多的是 Sephadex，Sephadex 分为很多种型号，其中 G 型属于亲水型凝胶，凝胶外观呈白色珠状颗粒，不溶于水，但凝胶颗粒中含有大量亲水基团，因而容易吸水发生溶胀效应（物理效应），按照分离分子量的不同，分为 G15、G25、G50、G75、G100、G200 等品种。在交联葡聚糖之中除了含有较多的亲水基团，还含有大量的孔隙，当混合样品中含有分子大小不同的物质时，小分子物质能够渗透进凝胶内部孔隙之中，被保留在凝胶柱内；而当分子直径大于凝胶孔隙时，该分子被排阻于凝胶外，只能随着流动相在凝胶颗粒的间隙中流动，最后随流动相

直接流出柱外，因此可以分离大小不同的分子，作为分子筛使用。因此，在凝胶色谱中，分子量大的物质先流出，分子量小的物质后流出，从而实现分离和纯化的目的。以凝胶色谱法分离纯化样品时，首先要根据样品具体情况确定一个合适的分子量分离范围，从而根据选择的分子量范围确定合适的凝胶型号。另外就是凝胶颗粒的大小，颗粒小的虽然分辨率高，分离效果好，但相对流速较慢，延长了实验时间，有时还会出现谱带展宽现象；颗粒大的凝胶流速较快，分辨率较低，但如果条件得当，也可以得到大家满意的结果。

简暾昱等通过在室温条件下将山药乙醇提取物流经层析柱，上样结束后以纯水洗脱，用紫外检测器检测流出液在处的吸光度，收集吸光度以上组分，将收集到的组分经离心浓缩仪离心浓缩后，获得葡聚糖凝胶初步分离山药致痒活性物质。随着洗脱时间的增加，山药乙醇提取物中的各种组分按照分子量大的先出峰、分子量小的后出峰的规律，逐次被洗脱下来，结果得到两种不同的提取物。

（二）离子交换色谱法分离纯化山药致痒活性成分

离子交换色谱的原理是：利用被分离物质所带不同性质的电荷（正电荷或负电荷）和不同的电荷量而实现分离的一种色谱技术，利用蛋白质、肽类、两性化合物在一定离子强度和 pH 值条件下带电性质的差异来实现分离纯化。本课题采用的 Mono Q5/50 GL，是强阴离子交换柱，在广泛的 pH 值范围内都具有离子交换能力，阴离子柱上固定相电荷基团带正电，可以与样品中带负电基团进行可逆置换反应，从而保留在阴离子柱上，正电基团和中性基团不能和阴离子交换剂结合而随流动相流出柱外。选择合适的洗脱液和洗脱方式，随着洗脱液离子强度的增加，洗脱液中的离子可逐步与结合在固定相上的负电基团进行交换，而将其置换出来，随洗脱液洗脱。与阴离子交换剂结合能力大的负电基团比结合能力小的负电基团难洗脱，随着洗脱液中离子强度的增加，各种负电基团按照结合力从小到大的顺序逐步洗脱，而达到分离目的。本实验中，pH 值为 6.5 时，出现 3 个较明显的色谱峰，fraction-Ⅰ是纯水洗脱下来的，表明它与阴离子交换柱结合能力较弱，fraction-Ⅱ位于 NaCl 浓度为 0.25M 时洗脱，与阴离子交换柱结合能力较强，而 fraction-Ⅲ结合能力最强，需要 0.7M NaCl 方能洗脱。fraction-Ⅰ不含 NaCl，直接冷冻干燥获得淡黄色疏松固体，易溶于水，fraction-Ⅱ、fraction-Ⅲ含有较多盐，经过透析袋脱盐后，冷冻干燥获得的白色粉末同样易溶于水。

简暾昱等在采用离子交换柱分离纯化山药活性致痒物质时，尝试了不同的种类的离子交换柱（阴离子交换柱、阳离子交换柱）、洗脱缓冲液（碳酸氢铵、氯化钠、醋酸铵)、不同 pH 值对山药致痒活性物质分离纯化的影响。结果发现室温条件下，采用阴离子交换柱，以 pH 值 6.5 的 0-1M NaCl 洗脱液按照速度梯度洗脱，随着浓度加大，主要组分可以得到良好的分离，得到三种组分。

(三) HPLC 色谱法分离纯化山药致痒活性成分

简暾昱等采用 HPLC 色谱法分离纯化山药活性致痒物质时，考察了不同的种类的色谱柱 (反向柱，亲水柱)、流动相 (乙腈、甲醇)、流动相添加剂 (1%磷酸、1%三氟乙酸) 对山药致痒活性物质分离纯化的影响。结果发现柱温在 30℃时，采用反相 C18 柱，以甲醇、水为流动相体系 (各流动相中添加 1%TFA，流速 0.5ml/min 时，阴离子交换柱分离出的可以被很好的分离，随着时间的延长，得到了三种组分。

HPLC 反相键合相色谱：固定相极性<流动相极性，C18 柱就是最典型的代表，其极性很小，适于分离非极性、弱极性离子型样品，是当今液相色谱的最主要分离模式。流动相加入 0.1%TFA (离子对试剂)，不仅具有调节 pH 值的作用，还可增加极性较大物质在 C18 柱上的保留，使之峰型更对称，达到分离纯化的目的。

(四) 结晶法分离纯化山药致痒活性成分

结晶法是利用两种或多种可溶性固体在同一种溶剂里溶解度的不同，加以分离的操作方法。结晶的好坏与多种因素有关，如结晶溶剂、温度、结晶速度。用 0.2g 的变色硅胶获得的结晶可达 10μm 以上，可以用于 X-射线衍射。

简暾昱发现虽然在 HPLC 色谱图上发现有的组分是个单峰，但核磁检测纯度时发现纯度只有 70%左右，且含有较多的糖信号峰，为进一步分离纯化采用了结晶法分离纯化。使用结晶法分离纯化山药致痒活性物质时，考察了不同结晶溶剂 (甲醇、水) 变色硅胶用量对山药致痒活性物质分离纯化的影响。结果发现在以超纯水为结晶溶剂、0.2g 变色硅胶、结晶温度在 20~25℃时，可以获得形态均一的满意结晶。

(五) X-射线法鉴定山药致择活性成分的结构鉴定

简暾昱将无色透明晶体在 150K 下用石墨单色化的 Cu Kα 辐射，以 ω/2θ 方式对晶体进行扫描。在 11.12°≤2θ≤115.26°范围内扫描得到 4 352 个衍射点，其中 827 个独立衍射点 [R(int)= 0.0454] 确定晶胞参数和取向矩阵，采用 Olex2 进行数据处理，采用 shelxS 程序直接法解析其结构，采用 ahelxL 程序最小方差法完成结构修正。得到了分子量为 158.13 的晶体，分子式为 $C_4H_6N_4O_3$。

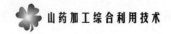

四、山药致痒活性成分的活性鉴定及其致痒分子机制的初步研究

(一) 动物行为学实验

简暾昱通过小鼠实验来鉴定山药致痒成分活性。将小鼠放置于安静恒温的 [(25±1)℃] 且12h明暗交替的室内，可自由摄食进水。在进行行为学实验之前，所有动物放于该环境中适应1周以上。实验当天，小鼠分别放置在直径15cm，高25cm的透明塑料桶里，并且适应30min。小鼠背部皮下注射新鲜山药汁、山药致痒活性成分或对照溶剂，立刻放回塑料桶里，立即以录像机记录实验小鼠30min内的行为学，行为学实验期间应维持环境安静单一，确保动物不受外界干扰，实验完毕后采取双盲法统计小鼠抓挠次数，抓挠次数的评价标准按照抬起后爪抓挠注射部位到放下后爪计为一次。所有动物实验均遵循实验室动物管理法则。

(二) 山药致痒成分的机制探究

简暾昱对山药致痒成分的机制进行探究。葡聚糖凝胶分离纯化山药乙醇提取物获得的成分，通过行为学考察其致痒活性时发现，给予20mg的山药乙醇提取物皮下注射，与溶剂对照组相比，引起动物抓挠，说明山药乙醇提取物是致痒成分。通过阴离子交换柱分离纯化获得的活性最强的组分（所带负电基团较弱）为研究对象，进一步分离纯化山药致痒活性成分。C18色谱柱是反相色谱柱，固定相极性小于流动相极性，极性大的物质随流动相先洗脱，极性小的物质结合在固定相上后洗脱，即随着时间或流动相改变，物质按照极性从大到小逐渐洗脱。以钙成像技术为研究方法，通过考察细胞亮度及细胞反应数目，可以得到活性强的致痒成分，然后通过结晶法进一步分离纯化。钙成像研究表明，获得的结晶可以引起细胞内钙离子浓度升高：给予晶体后，在短时间内即可引起DRG神经元细胞内钙离子内流达到峰值反应强度（Ratio 340/380 比值）可达 $0.47±0.22(n=126)$，X-射线单晶衍射可以检测晶体是否为纯的化合物，通过收集晶体学参数，比对文献，确定山药中分离纯化出的致痒物质为NJUTCM-01。

动物行为学表明，NJUTCM-01引起的痒的确与Mrgprs相关。电生理研究表明，在给予1mM的NJUTCM-01刺激后，可以诱发DRG神经元细胞动作产生电位，且易洗脱，并不会影响神经元细胞对高钾刺激的反应，表明NJUTCM-01可以直接激活DRG神经元引起痒觉，且不会影响细胞状态。

行为学表明 Mrgpr-cluster△-/-基因敲除后小鼠的抓挠反应显著降低，

Mrgpr-cluster △-/-是一簇基因，包括 A1、A2、A3、A4、A10、A12、A14、A16、A19、C11、B4 及 B5，一共 12 个基因，其中以 Mrgpr A3 与痒的关系较为密切。目前研究表明，Mrgpr A3 被抗疟药氯喹（chloroquine，CQ）激活，引起瘙痒。给予小鼠 CQ 皮下注射能引起其抓挠反应，且这种瘙痒不能被组胺拮抗剂阻断。行为学研究发现包含 MrgprA3 的 Mrgpr-cluster △-/-基因敲除小鼠，给予 CQ 后，瘙痒行为显著减少，而给予组胺引起的抓挠次数并没有差异，钙成像以及电生理实验也肯定这一实验结果；研究者发现被转染 Mrgpr A3 的 HEK239 细胞对 CQ 有响应，在 Mrgpr-cluster 敲除小鼠 DRG 中转入 Mrgpr A3 同样可恢复其对 CQ 的反应，因此确定 Mrgpr A3 是 CQ 致痒一个重要参与者。组胺（Histamine），是短效的内源性的生物胺，在人体内广泛分布，由组氨酸脱氢酶组合。当组织感受变应原或炎症因子刺激，组胺就会从肥大细胞释放，通过兴奋无髓鞘的 C 纤维引发瘙痒。实验结果也证明无论是人或鼠皮内还是皮下注射组胺都能引发搔痒行为。作为外周主要的致痒源，组胺的 4 个受体 H1、H2、H3、H4 均参与了痒觉信号的传导。组胺的 4 个受体均是 G 蛋白偶联受体，它们分别通过 G_q、G_s、$G_{i/o}$ 转导胞外信号，产生痒觉。皮下注射组胺可以引发爆发性的抓挠反应，但这种瘙痒在注射组胺前给予 TRPV1 的阻断剂能明显减弱。在 TRPVrM、鼠中组胺引起的瘙痒也明显低于 WT 小鼠中组胺引起的瘙痒。

实验中，选取 Mrgprs 家族中最为主要的 Mrgpr A3 以及组胺受体作为研究对象，初步考察 NJUTCM-01 致痒的分子靶点。研究表明，部分细胞在给予 MrgprA3 激动剂氯喹以及组胺引起细胞钙离子内流后，经过洗脱，再次给予 NJUTCM-01 时同样可以引起钙离子内流，经过统计 672 个细胞发现，只对 CQ 反应的细胞有 36 个，只对 Histamine 反应的细胞有 55 个，只对 NJUTCM-01 反应的细胞有 55 个，对 CQ 和 NJUTCM-01 反应的细胞有 14 个，对 Histamine 和 NJUTCM-01 反应的细胞有 15 个，对 CQ 和 Histamine 反应的细胞有 15 个，对三者都有反应的细胞有 16 个。以上实验结果表明，响应 NJUTCM-01 刺激的细胞，也与 Mrgpr A3 受体与组胺受体存在共表达，可能 NJUTCM-01 引起痒觉与这两种受体关系密切，但确切受体还需要进一步研究确证。

因此，通过钙成像研究 NJUTCM-01 激活时，是下游离子通道参与到神经元细胞的活化。经过统计 984 个细胞发现，对薄荷醇刺激有反应的神经元细胞中有 24.5% 也响应 NJUTCM-01 引起的刺激，表明 NJUTCM-01 的下游离子通道可能与 TRPM8 离子通道有关；而 92% 对 NJUTCM-01 刺激有反应的神经元也对辣椒素有反应，表明 NJUTCM-01 的下游离子通道很可能与 TRPV1 有关，

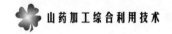

且更为密切（与薄荷醇相比，其反应比率高达92%）。

第四节　加工方式对山药有效成分影响

一、传统山药和无硫山药

（一）传统山药

1900年左右发现了一种用硫黄熏蒸加工中药材的方法，这种方法利于一些中药材的干燥、防虫、防霉，还能使其漂白增色，解决了部分中药材如山药在产地加工以及存储过程中的一些难题。目前，我国大部分地区的药农仍采用传统的硫黄熏蒸的方法来干燥山药。虽然硫黄熏蒸有利于山药及饮片的加工贮藏，但是硫熏后山药的有效性以及安全性问题还有待于进一步的考察。

据报道，硫熏后的山药中残留大量的二氧化硫，砷、汞等有害物质含量也有所增高，对人体有极大的危害。中药中残留的二氧化硫遇水转变成亚硫酸，可能使山药的pH值发生变化，改变了山药化学成分的内环境。谢云龙等对比了10种中药硫熏和未经硫熏水液的pH值，其中8种中药水煎液的pH值明显下降。

马晓青等用ICP-AES测定硫黄熏蒸前后菊花中的金属元素和微量元素的含量，结果发现硫黄熏蒸后菊花中微量元素铜的含量明显下降，硫元素以及砷元素含量升高，且随着硫元素含量的升高砷元素的含量也升高，也就是说砷元素含量的增高很可能是硫黄熏蒸的结果。此外二氧化硫还是一种很强的还原剂，可能与山药中易被还原的化学成分发生反应，导致有效成分含量下降甚至转化，降低药物的疗效，这都直接影响了中药饮品的质量。金银花经硫黄熏蒸后其有效成分绿原酸的含量增加，硫熏前后其标准指纹图谱也有很大的不同。白芍经过硫黄熏制后其有效成分芍药苷可与亚硫酸盐发生酯化反应生成亚硫酸酯，这种成分不具有芍药苷防止血小板聚集和使平滑肌松弛的作用。硫黄熏蒸还会使党参中的党参炔苷，百合中的总皂苷以及山药中的多糖等多种中药的有效成分含量降低。

（二）无硫山药

最早记载山药采收加工方法的本草《名医别录》曰：山药"二月、八月采根曝干。"苏颂《图经本草》记载了一种用白矾水浸泡山药过夜后焙干加工山药的方法。现代科技的发展，如真空干燥、微波干燥、热风干燥、冷冻干燥等技术的出现使干燥的方法得到了很大的改善与提高。

赵喜亭等研究了用护色剂结合热风干燥的方法加工无硫山药片，以 EDTA 二钠、柠檬酸、次氯酸钠等六种护色剂对铁棍山药片进行单一一种护色剂和多种混合护色剂护色处理，观察这些护色剂对山药颜色的保护效果。得到的最佳护色方法为：将铁棍山药切成厚度为 2mm 左右的切片，室温下在含 0.25% 柠檬酸和 0.1% 植酸的混合溶液中浸泡 2h 后，再放入 0.25%CaCl$_2$ 溶液中浸泡 1h 后取出放在 40℃烘箱中烘至全干。护色剂的使用虽然可使山药保持固有的颜色，但也可能造成护色剂的残留，因此山药饮片的加工应尽量避免使用或少用护色剂。

黄琪琳等将山药用水煮沸 5min 的方法抑制多酚氧化酶的活性，然后利用微波干燥、热风干燥以及二者混合干燥等不同工艺加工干燥山药片。沸水的高温虽然抑制了多酚氧化酶的活性，使山药变软容易干燥，但也破坏了山药中的一些水溶性营养成分。

冷冻干燥法因其不需要高温可以保持物料本身的化学成分和物理性质特性而被广泛用于食品、生物制品和药品的加工制造工业中，但是由于其对热传质率较低，能耗高，干燥时间长，因而限制了它的推广应用。微波冷冻干燥克服了上述缺点。微波加热由材料内部加热，避免了在加热过程中材料表面局部高温的缺陷，且干燥迅速，非常适合干燥热敏材料以及生物活性材料。

赵珺等将怀山药经护色剂护色、沸水漂烫使多酚氧化酶失去活性等处理后，用真空微波冷冻干燥的方法加工怀山药片，这种方法干燥速度快，能量利用率高，得到的山药片色白、色泽均一。

二、加工方法对山药中 β-谷甾醇的影响

β-谷甾醇是植物甾醇类成分之一，广泛存在于自然界中的各种植物种子中，也存在于某些植物药中，如山药、地黄、天南星、白花蛇草等。研究发现 β-谷甾醇具有多种作用和生理功能，如：降血脂、抗氧化、抗炎以及防治癌症等。山药是薯蓣科植物薯蓣的干燥根茎，具有补脾养胃、生津益肺、补肾涩精的功效，用于脾虚食少，肺虚喘咳，肾虚遗精，久泻不止，带下，尿频，虚热消渴等症。许多研究者发现山药中含有 β-谷甾醇，认为 β-谷甾醇是山药的有效成分之一。目前提取 β-谷甾醇的方法有超声提取法、高效液相色谱法。超声提取法提取的山药 β-谷甾醇含量最高，且用时最短，方法最简便。

杨丰滇等通过测定传统山药和无硫山药的 β-谷甾醇含量，对得到的结果进行统计学分析来比较两种加工方法所得山药饮片的 β-谷甾醇含量差异，这种方法可以反映二者的整体差异。整体来说，传统山药 β-谷甾醇含量比无硫

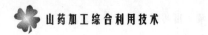

山药低，硫熏对山药 β-谷甾醇影响较大。

三、加工方法对山药中腺苷的影响

腺苷（Adenosine）又称为腺嘌呤核苷（9-β-D-Riboruranosyl adenine），是人体的一种内源性核苷，它是由腺嘌呤的 N-9 与 D-核糖的 C-1 通过 β-糖苷键连接而成的苷类化合物，其磷酸酯为腺苷酸。在人体内腺苷可以以三磷酸腺苷（ATP）或二磷酸腺苷（ADP）的形式传递能量，也可以以环磷酸腺苷（cAMP）的形式传递信号等。此外腺苷也是一种抑制性神经传导物（inhibitory eurotransmitter），可能会促进睡眠。近年来的研究表明，腺苷具有心脏保护效应。在美国，腺苷是经 FDA 批准的转复阵发性室上性心动过速（PSVT）的一线药物。查阅文献发现山药中含有腺苷，可以看作是山药的有效成分之一。

四、山药腺苷的提取工艺

杨丰滇等建立一套完整的山药中腺苷成分的提取和测定方法。具体流程如下：

山药粉末→加入提取溶剂→超声→取适量溶液离心→上清液→经 0.45μm 微孔滤膜滤过后进样→HPLC 定性定量分析腺苷。

用 C18 色谱柱进行分离，流动相为：甲醇—磷酸盐缓冲液（pH 值为 6.52）20：80；流速：0.7ml/min；柱温：30℃；用紫外检测器在 260nm 波长下检测提取物。通过测定传统山药和无硫山药的腺苷含量，对得到的结果进行统计学分析来比较两种加工方法所得山药饮片的腺苷含量差异，这种方法可以反映二者的整体差异。整体来说，传统山药腺苷含量比无硫山药低，硫熏对山药腺苷影响较大。

五、加工方法对山药中亚油酸的影响

亚油酸是一种人体必需而自身不能合成或合成很少的脂肪酸。人体内的胆固醇必须与亚油酸结合后才能在体内进行正常的转运和代谢，因此，人体一旦缺乏亚油酸，胆固醇的代谢就会发生障碍而逐步形成动脉粥样硬化，引发心脑血管疾病。其次亚油酸（LA）在体内△-6 脱氢酶的作用下，依次产生 γ-亚麻酸（GLA）和花生四烯酸（AA）等中间产物，进而获得提供正常代谢机能的前列腺素（Prostaglondin，PG）等二十碳酸物质，对人体一些疾病如血栓、糖尿病、高血压、皮肤炎、癌症等有一定的改善作用。亚油酸还是一种生物抗氧剂，能够抗老化、增加机体免疫力。赵敏研究了亚油酸的抗炎作用，发现亚油酸能降低炎症相关因子 IL-lβ、TNF-α 和 NO 的水平，对急慢性炎症均有明显的改善作用。王勇等用气质联用技术分析了怀山药中的脂肪酸成分，共检测出 27 种脂肪酸，其中亚油酸含量较高，相对含量达 11.71%。目前对亚油酸的含量测定多采用气相色谱法以及气相色谱—质谱联用技术，这些方法需将亚油酸进行酯化后测定，样品处理烦琐、影响因素多，且气相色谱需要较高的柱温。

杨丰滇就山药中亚油酸的提取工艺进行优化，结果表明，用碱水解酸中和、甲醇作为提取剂的方法得到的亚油酸含量高，稳定性好。同时用高效液相色谱对山药中的亚油酸进行了定性定量测定，确立了最佳的检测条件：流动相为乙腈-0.2%醋酸水 88:12，流速 1.0ml/min，检测波长 205nm，柱温 35℃，在此条件下亚油酸的保留时间为 12.6min，实验结果具有良好的峰行及重现性且分析速度快。用该方法测定山药中亚油酸的含量，样品制备简单，测定结果准确，线性关系、精密度、回收率均符合要求。

通过测定传统山药和无硫山药的亚油酸含量，对得到的结果进行统计学分析来比较两种加工方法所得山药饮片的亚油酸含量差异，这种方法可以反映二者的整体差异。整体来说，传统山药亚油酸含量与无硫山药相差不大，硫熏对山药亚油酸影响较小。

六、加工方式对山药中水分、水溶性浸出物以及总灰分的影响

山药通常是在冬季茎叶枯萎后采挖，切去根头，将其洗净，去除外皮及须根，干燥，或趁鲜切厚片，干燥；或者选择肥大顺直的干燥山药，放于清水中，浸泡至无干心，闷润至透，切齐两端，用木板搓成圆柱状，晒干，打光，习称"光山药"。山药干燥的方法很多，包括自然晒干、烘干或用硫黄熏干等。自然晒干用时较长，且受自然环境影响很大；烘干法温度易于控制，用时相对较短，但干燥的过程中山药容易褐变；用硫黄熏蒸干燥的方法加工的山药色白且能防虫、防霉，延长了山药的保存时间，但这种传统方法加工的山药的安全性问题还有待于进一步的研究。本节依据 2010 版《中国药典》山药项下规定的方法测定传统山药和无硫山药水分、水溶性浸出物以及总灰分的含量，以初步判断实验所用的传统山药和无硫山药饮片的合格性。

（一）水分含量测定

2010 版《中国药典》附录Ⅸ H 法第一法：取供试品（直径不超过 3mm

的颗粒或碎片）2g，平铺于干燥至恒重的扁形称量瓶中，厚度不超过5mm；精密称定，打开瓶盖在105℃条件下干燥5h，将瓶盖盖好，移入干燥器中，冷却30min，精密称定，再在105℃条件下干燥1h，冷却，称重，重复上述干燥称重的步骤至连续两次称重的差异不超过5mg为止。根据减失的重量，计算供试品的含水量（%）。

$$水分含量(\%) = (A-B)/A \times 100$$

式中，A——恒重后样品重量与称量瓶重量和（g）；B——干燥至恒重后样品重量与称量瓶重量和（g）。

（二）水溶性浸出物含量测定（冷浸法）

2010版《中国药典》附录 X A 项下的冷浸法：取能通过二号筛且混合均匀的供试品约4g，精密称定，置250ml的锥形瓶中，精密加水100ml，密塞，冷浸，前6h内时时振摇，再静置18h，用干燥漏斗迅速过滤，精密量取续滤液20ml，置已干燥至恒重的蒸发皿中，在水浴上蒸干后，于105℃干燥3h，置干燥器中冷却30min，迅速精密称定重量。

$$水溶性浸出物含量(\%) = B/A \times 100$$

式中，A——供试品的重量（g）；B——恒重后水溶性浸出物的重量（g）。

（三）总灰分的测定

灰分是物质经高温灼烧后的残留物，是表示某一物质中无机成分总量的一项指标，主要包括钙、镁、钾、钠、硫等，此外还含有少量的微量元素，如铁、铜、锌、锰、硒等。测定中药材灰分的含量主要是控制中药材中的杂质以及检测药材纯净度。

参照2010版《中国药典》附录 IX K：取能通过二号筛且混合均匀的供试品2g，置于炽灼至恒重的坩埚中，称定重量（准确至0.01g），将坩埚置于电炉上加热，使试样逐渐炭化直至无黑烟产生，注意避免燃烧。趁热移至马弗炉内，逐渐升高温度至600℃，使完全灰化并至恒重。根据残渣重量，计算供试品中总灰分的含量（%）。

$$总灰分含量(\%) = B/A \times 100$$

式中，A——供试品的重量（g）；B——恒重后残渣的重量（g）。

七、传统山药和无硫山药二氧化硫残留量测定

山药含水量高、富含黏液质，很难干燥，在贮藏保管过程中容易发霉、变质、生虫。传统加工山药的方法不仅能够防虫防腐，还能使山药漂白增色。但硫黄熏蒸后山药中会残留大量的二氧化硫，这些二氧化硫改变了山药的内在环

境，很可能使山药自身的有效成分发生变化，影响山药的质量和疗效；同时在熏蒸过程中产生的二氧化硫气体还会对人体以及空气产生极大的危害。但是山药绝对无硫也是不可能的，药材在生长的过程中会从土壤、空气中带入少量的二氧化硫。因此为保证山药饮片的安全性和有效性必须建立有效可行的标准控制山药中二氧化硫残留量。韩国食品医药品安全厅（KFDA）已经发布了"韩国中药材中二氧化硫限量标准和试验方法"要求进入韩国市场销售的金银花、桔梗、芦根、丹参、当归、白果等 266 个中药品种，必须采用 Monier - Williams 改良法检测二氧化硫含量，限量标准要求低于 30mg/kg。2013 年我国药典 2010 年版第二增补本中也明确规定了山药药材及饮片的二氧化硫残留量限量标准，要求不得高于 400mg/kg。

　　杨丰滇所采用的测定二氧化硫残留量的方法原理是将山药中残留的二氧化硫以气体的形式溢出后用适当的容器接收，再用标准溶液进行滴定，从而计算出二氧化硫的量。实验过程中要确保装置的气密性，若气密性不好会直接影响结果的准确性。为了防止反应生成的二氧化硫气体或者液体里存在的亚硫酸盐被氧化，在加热前要先将整个装置中通入 5min 氮气，若氮气通入量不足可能会使反应生成的二氧化硫的量减少。打开分液漏斗加入盐酸前应确保导气管放入接收液中且整个系统充满氮气，否则可能导致部分生成的二氧化硫不被接收。同时为减少实验操作带来的误差，在测定样品时，一定要尽量确保加热时间与滴定速度的一致性。他通过对 10 种不同地方的山药制品进行检测，结果得到各产地无硫山药二氧化硫残留量相差不大，且残留量很少，以山西含量略高，这可能与药材生长的环境有关。传统山药二氧化硫残留量较大，传统山药组二氧化硫残留量明显高于无硫山药组。虽然采集的传统山药二氧化硫残留量明显高于无硫山药，但均符合药典规定的限量标准。

第六章　山药制品加工技术

现今山药已经成为我们日常餐桌上的必不可少的美食，山药炒木耳、山药淀粉、山药滋补汤、山药炒肉丝等都是常用的山药的烹制方法。山药为蔬菜，它清爽利口，味道独特，如宫爆山药、泡椒山药素烧藕、山药炒苦瓜、腐乳山药粒烧排骨、桂圆山药烧羊腩等。随着现代社会人们对绿色饮食、保健食疗的认识程度越来越深，山药在食品上的作用将会越来越重要，开发山药产品的前景十分广阔。

对山药的加工进行系列地深入研究，增加山药产品的附加值，对于增加农民创收和发展农业市场具有重要意义。目前有很多关于山药制品的研究报道，其中关于山药饮料的报道有：刘丽波等研究的山药牛乳饮料；敬思群等通过发酵研制的山药牛乳乳酸菌复合饮料；张弛等使用食品添加剂调配制得的调配型山药汁饮料；兰社益等通过酶解方法制备的山药的罐装饮料；丁筑红等通过山药原浆与果蔬榨汁的调配混合制成的各种山药果蔬复合饮料，包括山药菠萝复合饮料、山药枸杞复合饮料、山药胡萝卜复合饮料等；孔瑾等将山药与南瓜复合，通过调配后发酵，制得的发酵型的山药果蔬饮料；赵贵红等将山药与大米取汁混合，通过发酵制成的山药米酒。市场上的山药产品种类：一类为山药的罐头：陈晔等将护色后的山药经过煮制通过预处理、装罐、杀菌、冷却制得的山药罐头。一类为山药酸奶：宋照军等将山药汁或磨好的山药浆与新鲜的牛乳通过调配、混合，再发酵进而制备的山药酸奶；张厚臣等将粉碎后的山药糊化，通过继续糖化处理，再通过发酵制成的山药酸奶。一类为山药果脯，李颖等将护色好的山药通过调配、糖渍、烘制制得的山药果脯。一类为山药的速冻产品，章众广等将护色好的山药物理塑形通过迅速、直接的速冻制得的山药速冻产品。此外山药的制品还有山药片、山药果冻、山药冰淇淋、山药豆腐、山药面包、山药啤酒、山药果丹皮、山药挂面、山药粉丝、山药食醋、山药粉肠等。

第一节 山药粉加工技术

山药粉可以分为山药生全粉、山药熟全粉、黏液质粉与沉淀粉等几种情况，国内研究者对山药制粉技术开展了大量研究。

一、山药生全粉的制备技术

山药生全粉的制备工艺见图6-1。

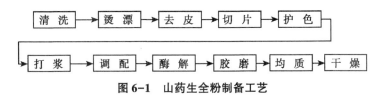

图6-1 山药生全粉制备工艺

（1）不同的清洗剂对鲜切山药的失重率、菌落总数、丙二醛含量和感官质量品质均有显著的影响。在降低鲜切山药储藏期间菌落总数方面，NaClO处理效果最佳，H_2O_2次之，也可以用弱酸清洗。清洗时需综合考虑鲜切山药储藏期间的感官品质、失重率和丙二醛含量。

（2）烫漂。通常热烫的最佳时间和温度分别为60s和（90±1）℃。在此条件下，多酚氧化酶已完全失活，过氧化物酶的残存活性也只为山药活体总量的3.9%。在整个冻藏过程以及解冻后，残存活性的过氧化物酶对山药色泽的影响可以忽略。而在该温度和时间条件下，维生素C和可溶性固形物的损失可以控制在一个较小范围内，从而可以在最大程度上减少山药营养保健成分的流失。

（3）去皮。用去皮器将山药皮除尽，显出光滑、洁白的肉质。称取去皮后山药的重量，用于出粉率的计算。

（4）切片。将去皮的山药切成5mm左右的薄片，并迅速放入水或护色液中，防止因与空气长时间接触而引起的氧化变色。

（5）护色。山药加工中，可通过添加不同的浓度的多酚氧化酶抑制剂来达到护色效果，对其多酚氧化酶引起的酶促褐变均有一定的抑制作用。实验表明：0.20%亚硫酸钠溶液的护色效果较好。

（6）打浆。将完成护色步骤的怀山药放入均浆机中，使山药粉碎成浆。

（7）调配。按照一定的料液比进行配置，一般可选择1：4.5。

（8）胶磨。送至胶体磨中，胶体磨间隙调到最小，然后进行精磨。

（9）均质。通过均质使料液中颗粒进一步细化，制成液固两相均匀的混合物。

（10）干燥。干燥的方式常见的有热风干燥、喷雾干燥及真空冷冻干燥等。

宋立美等将山药去皮切片护色后在沸水中烫漂 6~8min，然后在 60~65℃的烘箱内烘制 20h，烘制过程中反复倒盘，电磨粉碎后包装封口；蔡俊等提出将山药磨浆后进行分离筛分，将筛下物滤渣在 40~50℃条件下进行热风干燥或低于 60℃的真空干燥条件下进行烘干，然后粉碎制备的山药粉，两篇报道中也只提及了山药粉的此种加工制备工艺，区别在于变换了干燥方式，只提及了山药粉产品的主要化学成分组成；张添等将山药浆酶解后离心，取其酶解液的滤渣进行干燥制粉，工艺路线并不详尽，山药粉的品质也并未涉及；郭达伟等所发表的文章中提出将山药切粒烘干后进行膨化，然后粉碎成粉进行调味；邓煌博等将山药去皮护色切片后真空干燥，然后将其进行超微粉碎，重点研究了护色剂的配比工艺，并提出了不同粉碎粒径对粉溶解时间的影响，给出了山药粉的微生物指标。

二、山药熟全粉的制备技术

目前多数山药制粉技术的研究只针对制粉工艺的制粉方法和护色等部分工艺，金金等针对山药熟全粉整个制粉过程中的工艺参数进行较为系统的研究，采用预煮熟化工艺进行熟全粉制备，在煮制 30min 时使山药块茎中的淀粉达到完全糊化的状态，然后将其加工成山药熟全粉，对比熟全粉与生全粉的品质。结果表明：熟全粉不仅保存了良好的色泽，而且在冲调品质方面优于生全粉，具体表现为：熟全粉较生全粉的分散时间缩短，分散稳定时间增加，黏度提高，熟全粉与生全粉储藏稳定性区别不大。

山药生全粉和熟全粉的显微结构图见图 6-2 和图 6-3。

图 6-2 和图 6-3 两组图表明熟全粉较生全粉的淀粉颗粒结构发生了明显破坏。生全粉有着明显的淀粉颗粒结构，而熟全粉的这种结构则消失。加热使得淀粉分子间氢键断裂，水分子进入其内部与淀粉分子结合，淀粉胶束结构消失。熟全粉显微图呈现的小颗粒有两种可能，一是山药煮制时其淀粉颗粒未彻底糊化成淀粉溶胶，仍然保留一定的亚晶结构另一种是部分经煮制时吸水溶胀糊化的较完全的淀粉在干燥时脱水回生。但总的来说，大的完整淀粉颗粒结构的消失仍有利于山药粉冲调性的改善。

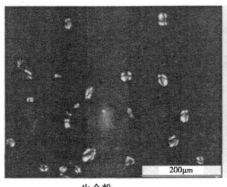
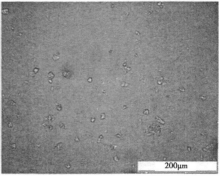

生全粉　　　　　　　　　　　　　　　熟全粉

图6-2　山药生全粉和熟全粉的偏光十字图

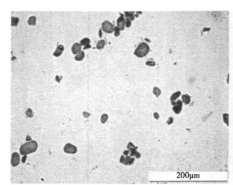
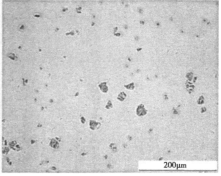

生全粉　　　　　　　　　　　　　　　熟全粉

图6-3　山药生全粉和熟全粉的碘染色图

三、不同干燥方式对制备熟全粉的品质影响

热风干燥、真空冷冻干燥和喷雾干燥为山药粉制备中常见的三种干燥方式，不同干燥方式对熟全粉品质较大影响。

1. 不同干燥方式对制备熟全粉的色泽比较

肉眼观察可见，采用热风干燥、喷雾干燥、冷冻真空干燥三种不同干燥方式所制得的熟全粉在色泽方面存在差异。热风干燥所制得的熟全粉在三者之间色泽最为晦暗，而由冷冻真空干燥所制得的熟全粉在三者之间颜色最为白皙。通过色差仪进行测定后的结果见表6-1。

表6-1　不同干燥方式对山药熟全粉色泽的影响

	L	a	b	W
热风干燥	90. 45±0. 49	−0. 19±0. 03	8. 54±0. 11	87. 68±0. 40
喷雾干燥	92. 51±0. 34	−0. 20±0. 02	7. 30±0. 35	89. 25±0. 13
冷冻真空干燥	94. 28±0. 31	−0. 3 3±0. 02	5. 44±0. 05	91. 02±0. 27

由表6-1可以看出，三种不同干燥方式所制得的熟全粉的 L 值和 W 值均依次递增。说明由冷冻真空干燥所制得的熟全粉在色泽品质方面优于其他两种干燥方式。

2. 不同干燥方式对制备熟全粉的冲调性比较

由热风干燥、喷雾干燥、冷冻真空干燥三种不同干燥方式所制得的山药熟全粉冲调性分散时间、分散稳定时间及黏度方面的比较见图6-4。

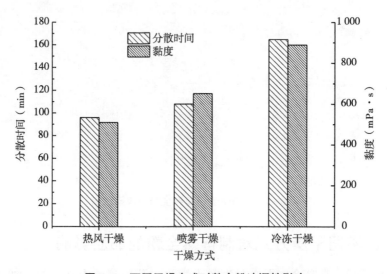

图6-4　不同干燥方式对熟全粉冲调性影响

从图6-4可看出分散时间方面，三种熟全粉之间差异不大，但表现为依次递增分散稳定时间方面，三者之间的差异较明显且呈现递增趋势，表明三种熟全粉冲调后所形成的山药粉糊悬浮液的稳定性依次有了大幅改善，此外还可看出，由冷冻真空干燥所制得的熟全粉冲调而得的山药粉糊黏度明显高于其余二者，而喷雾干燥和热风干燥之间的差异甚微。说明冷冻真空干燥工艺更有利于所得山药粉冲调品质的改善。这是因为三种干燥方式所制得的熟全粉依次颗粒细腻性增强，粉颗粒所形成的粉团粒增大，使得分散速度减慢，溶解从团粒表层开始，表面溶解快使得黏度提高，再加上颗粒的小比重等原因，使得分散稳定时间提高。

综合考虑，热风干燥所得粉的品质在三者之间最差，冷冻真空干燥所得粉的品质在三者之间最好，然而考虑到冷冻真空干燥成本比较高，所以选择喷雾干燥为山药熟全粉制备的最佳干燥方式。

3. 不同干燥方式对制备熟全粉的溶解度比较

对上述三种干燥方式所制得的山药熟全粉的溶解度进行测定，以生全粉的溶解度作为空白对照，结果见图6-5。

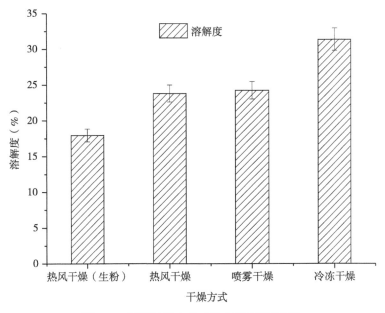

图6-5　不同干燥方式对熟全粉溶解度影响

根据图6-5可知熟全粉较生全粉的溶解度并未得到提高，反而有着较大幅度的降低。这是因为经过煮制处理的山药淀粉在冷却老化后发生重结晶，形成的刚性结构更难复水，水分子更难进入其结构内部，加之热处理对黏液质当中蛋白质的热变性影响而导致熟全粉的溶解度下降，也可能是经过重结晶的颗粒表面极性官能团数量减少。其次由图可知，由热风干燥、喷雾干燥和冷冻真空干燥所制得的三种熟全粉之间的溶解度存在差异，依次有了一定的提高，但整体来说均低于生全粉的溶解度。

根据试验结果可知，山药熟全粉较生全粉的品质有了大幅改善，而且真空干燥和冷冻真空干燥在上述基础上有了一定提高。分散时间缩短表明粉体溶解速度变快，分散稳定时间增加说明冲调糊稳定性提高，黏度影响着冲调糊的感官和口感等，这些都是山药熟全粉优于生全粉的表现。但熟全粉的溶解度却较生全粉有所降低，改变制备熟全粉的干燥方式对于溶解度的提高效果不明显且均低于生全粉。溶解度代表着粉制品的最终溶解效果，是衡量粉品质的重要指标之一。鉴于山药可明显离心分离得上层清液黏液质和下层沉淀物两部分，黏液质属高营养且全溶物质，所以基于此，为寻求新的山药制粉工艺，对离心所得的山药浆上下两部分分别进行加工利用。

四、黏液质粉及山药渣粉的制备技术

将山药打浆后对其进行离心，改变离心条件，采用 I_2—KI 试剂检验显色的方法，以确定将山药浆分离为上层黏液质与下层沉淀物的离心条件。不同离心条件对山药浆所得离心结果的影响见表 6-2。

表 6-2　不同离心条件对山药浆离心结果的影响

序号	相对离心力（×g）	离心时间（min）	显色现象
1		10	蓝色
2	3 282.75	20	蓝色
3		30	蓝色
4		10	蓝色
5	4 052.78	20	蓝色
6		30	蓝紫色
7		10	蓝色
8	4 903.86	20	蓝紫色
9		30	蓝色

表 6-3　黏液质主要成分

	水分	可溶性糖（干基）	蛋白质（干基）
含量（%）	95.30±0.28	76.83±0.12	21.12±0.32

由表 6-2 可知，不同离心条件影响着山药浆的上层黏液质与下层沉淀物的分离情况。离心的目的是为了将全溶性的黏液质与淀粉等物质完全分离，所以根据离心结果，选择的试验离心条件为相对离心力 4 903.86×g、离心时

间 30min。

根据上述所确定的离心条件将山药进行打浆分离，离心后所得到的上层清液为试验中所选用的黏液质，其中黏液质的主要成分含量测定结果见表 6-3。

由表 6-3 可知黏液质的成分基本为糖和蛋白质。此外，分离后收集到的上下两部分所占离心前山药浆的百分比分别约为 64.75%、30.65%。其中，下层沉淀物的总固形物含量约为 42.78%。因为将山药原浆经离心后得到的上清液用试剂检验，证明上清液不含淀粉。

五、黏液质制粉工艺研究

对山药打浆离心后所得到的上层清液——黏液质进行制粉加工研究，考察对加工操作影响较大的降黏度操作工艺，包括热处理工艺及酶解工艺研究，其次，确定干燥助剂麦芽糊精的添加量及干燥方式等。

（一）黏液质热处理的工艺参数确定

煮制时间对山药浆黏度及其黏液质黏度的影响

因为山药的黏液质黏度对山药浆黏度的影响是很大的，二者之间有较强的相关性。所以将热处理对山药浆及黏液质的黏度的影响一并进行考察。

对山药进行煮制后，其浆液和黏液质都显现出热稳定性影响，具体结果见图 6-6。

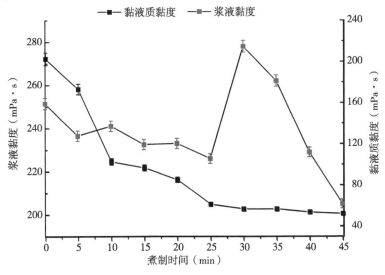

图 6-6　煮制时间对山药浆及黏液质黏度的影响

从图 6-6 可看出，随着煮制时间的延长，山药黏液质黏度逐渐下降，25min 后下降幅度趋于缓慢，基本不变。因为随着温度的上升，聚合物分子热运动加剧，氢键发生断裂，使凝胶的流动活化能降低，从而黏度下降，黏液质黏度的下降与多糖-蛋白质复合结构的破坏也有关。0~25mim 之间浆液黏度下降趋势缓慢，30min 时黏度呈现最大值，之后出现下降趋势。因为在 25min 前山药浆的黏度主要受黏液质黏度的影响，糊化造成的黏度升高表现不明显。30min 时淀粉达到最大程度糊化，表现出最大黏度值之后因淀粉颗粒膨胀至极限而破裂以及黏液质的低黏度，导致浆液黏度下降幅度增加。

（二）黏液质酶解的酶种类确定

山药浆离心后的上层黏液质经过热处理后，黏度值已由最初的将近 200mPa·s 降至 40~50mPa·s，但此黏度值对于后续干燥工艺而言仍然很高，所以在热处理工艺的基础上采用酶解工艺对其进行进一步降黏度处理。

根据黏液质成分类别，选择几种不同的酶进行酶解反应，包括 α-淀粉酶、糖化酶、酸性蛋白酶、碱性蛋白酶、中性蛋白酶、纤维素酶、果胶酶。上述所选几种酶分别在各自酶的最适 pH 值和温度条件下进行酶解反应，加酶量为黏液质质量的 0.2%（w/w），反应时间统一为 2h。反应结束后灭酶 10min，根据酶解液的黏度确定最适作用酶的种类。不同酶对黏液质的酶解降黏度效果见图 6-7。

从图 6-7 中看出，所选用的 α-淀粉酶、糖化酶、酸性蛋白酶、碱性蛋白酶、中性蛋白酶都有一定的酶解效果，纤维素酶和果胶酶效果比较显著。

黏液质的成分基本全部是糖和蛋白质，据报道，山药中的黏多糖分为酸性多糖和中性多糖两类，主要组分为甘露聚糖、半乳糖、木糖、阿拉伯糖、葡萄糖等。由于离心得到的黏液质属于全溶性的上清液，而纤维素在常温下是不溶的，所以推断可知黏液质中纤维素含量很少。而果胶属于一种酸性多糖，且最常见结构是 α-1，4，连接的多聚半乳糖醛酸。本试验中所采用的果胶酶是果胶酶的复合物，含有脂酶、水解酶和裂解酶三种成分，分别对果胶质起介质作用、水解作用、裂解作用，生成半乳糖醛酸和寡聚半乳糖醛酸，不饱和半乳糖醛酸和寡聚半乳糖醛酸等，能够高效降低果蔬加工中的果汁黏度等。可知果胶酶能够有效作用于黏液质中含量较大的甘露聚糖和半乳糖等多糖物质。

为了使得酶解降黏度效果显著，为后续加工提供方便，综上考虑试验采用果胶酶进行进一步的降黏处理。

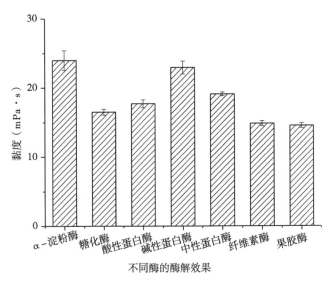

图 6-7　不同种类的酶酶解对黏液质黏度的影响

（三）黏液质果胶酶酶解的工艺参数

根据上述试验结果，在热处理工艺的基础上采用果胶酶对黏液质进行酶解，以求进一步降低黏液质的黏度。分别考察酶解温度、酶解时间、加酶量对酶解效果的影响。

1. 果胶酶酶解反应温度的确定

控制反应时间 40min，加酶量为 0.2%（w/w），考察温度对果胶酶酶解效果的影响，结果见图 6-8。

由图 6-8 可看出，在 30~50℃ 之间，黏液质的黏度值逐渐降低，由 30℃ 的 25.6mPa·s 下降至 50℃ 的 16.1mPa·s，而当温度再升高时，黏度值不再下降而呈现升高趋势。说明在 30~50℃ 之间，随着温度的上升，果胶酶酶活逐渐增强，在 50℃ 时酶活达到最大。而当温度高于 50℃ 时，果胶酶酶活因高温而导致降低。所以确定 50℃ 为最适酶解温度。

2. 果胶酶酶解反应时间的确定

控制反应温度 50℃，加酶量为 0.2%（w/w），考察时间对果胶酶酶解效果的影响，结果见图 6-9。

由图 6-9 可看出，在反应初期 0~20min 之间酶解效果显著，黏度值从最初的 48.8mPa·s 降低至 17.4mPa·s，降低幅度为 64.3%。而在时间增至 20min 以后，黏度值下降幅度很小：20~40min 之间下降幅度为 7.5%；240~

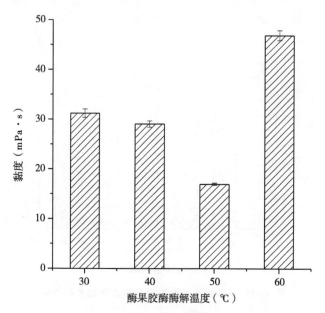

图 6-8　酶解温度对果胶酶酶解效果的影响

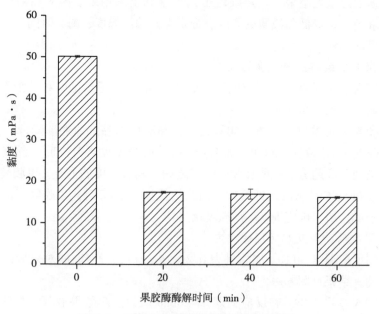

图 6-9　反应时间对果胶酶酶解效果的影响

60min 之间下降幅度为 2.5%；60~120min 之间下降幅度为 3.8%。这是因为刚开始底物浓度大，酶催化底物反应速度快，随后由于底物浓度减少、产物增多以及酶活力下降等原因，使得酶反应速度下降。综合考虑经济等因素，确定最适酶解时间为 40min。

3. 果胶酶酶解加酶量的确定

控制反应温度 50℃，时间 40min，考察加酶量对果胶酶酶解效果的影响，结果见图 6-10。

由图 6-10 可知，在加酶量小于 0.1%（w/w）时，黏液质的黏度值下降显著，加酶量达到 0.1% 后，再增加酶用量黏度值基本维持不变。因为随着酶用量的增加，底物浓度相对达到饱和，过量的酶不参与反应。由此确定 0.1%（w/w）为最适加酶量。

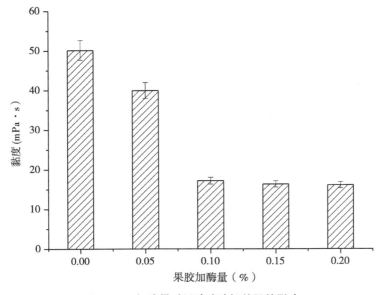

图 6-10　加酶量对果胶酶酶解效果的影响

4. 不同麦芽糊精添加百分比对黏液质制粉的影响

将黏液质经过上述热处理及果胶酶酶解降低黏度后，将其浓缩至固形物含量为 10%~40%（w/w），然后采用喷雾干燥方法对经过预处理的黏液质进行制粉加工，为了达到较好的干燥效果，在喷干样液中加入干燥助剂麦芽糊精。分别在样液中加入样液固形物含量的 10%、20%、30%、40%（w/w）的麦芽糊精量，根据试验当中的干燥现象及所制得的黏液质粉的冲调现象确定适宜的麦芽糊精添加量。

关于干燥助剂麦芽糊精的添加量对黏液质制粉的影响结果见表6-4。

表6-4　不同麦芽糊精添加百分比对黏液质制粉的影响

不同麦芽糊精添加百分比（w/w）	干燥现象	所得粉冲调现象
10	严重粘壁，大部分无法收集	结块严重
20	少部分粘壁，大部分无法收集	结块较严重
30	轻微粘壁，小部分无法收集	结块轻微
40	轻微粘壁，小部分无法收集	结块轻微

从表6-4中可以看出，麦芽糊精的添加百分比对黏液质粉的制备有着明显的差异影响。当添加量在固形物含量的10%、20%（w/w）时，干燥中粘壁现象很严重，严重影响收集量，且所得黏液质粉在冲调时有着明显结块现象。经测定，黏液质中可溶性还原糖占黏液质干基重的含量高达51.22%以上，所以当干燥助剂含量少时，粉的吸湿性很大，对产品没有起到很好的包埋效果，严重影响着产品的质量。而当麦芽糊精的添加量在固形物含量的30%时，麦芽糊精在喷干过程中对产品起到了好的包埋效果，产品吸湿性降低，结块现象得到改善。考虑到保留原有产品的天然属性，应该尽可能减少麦芽糊精的添加量，所以选择固形物含量的30%（w/w）的麦芽糊精添加百分比。

5. 不同干燥方式对黏液质制粉的影响

根据上述结果确定麦芽糊精添加量后，在上述干燥方式的基础上，再以冷冻真空干燥方式对经过预处理且加入相同量麦芽糊精的黏液质进行干燥制粉，根据试验当中所得黏液质粉的黏度和溶解度确定适宜干燥方式。

将冷冻真空干燥制备所得的黏液质粉与喷雾干燥所得粉进行品质比较，结果见表6-5。

表6-5　不同的干燥方式制备所得黏液质粉的品质比较

干燥方式	黏度（mPa·s）	溶解度（%）
冷冻真空干燥	180.00±0.68	97.10±0.92
喷雾干燥	159.20±0.76	96.50±0.97

由表6-5可知两种干燥方式所制得的黏液质粉黏度和溶解度都很好，而冷冻真空干燥所得粉在两方面均较喷干粉有略微提高。但考虑到经济成本，试验采用喷雾干燥方法作为黏液质粉制备的干燥方式。

六、山药浆分离沉淀物制粉工艺研究

对将山药打浆分离后所得到的沉淀物进行制粉工艺研究，分别探讨直接干燥法与酶解法两种制备工艺方法。

（一）直接干燥法对沉淀物制粉的影响

由热风干燥、喷雾干燥、冷冻真空干燥三种不同干燥方式所制得的山药浆沉淀物粉黏度及溶解度方面的比较见表6-6。

表6-6　直接干燥法制备所得沉淀物粉的品质比较

干燥方式	黏度（mPa·s）	溶解度（%）
热风干燥	3.20±0.51	23.21±0.85
喷雾干燥	3.20±0.69	25.24±0.89
冷冻真空干燥	4.80±0.66	28.30±0.97

从表6-6可以看出，三种粉的黏度和溶解度都很低。这是因为山药浆离心后沉淀物中的大部分成分为淀粉，极大地影响着粉的冲调性。根据试验结果可得出结论，直接干燥法对沉淀物进行制粉加工不可行。基于此，采用酶解技术对离心所得的山药浆沉淀物制粉工艺进行改善。

（二）酶解法对沉淀物制粉工艺研究

根据山药基本成分的测定可知，山药中含量最大的淀粉物质基本全部在沉淀物中，试验是为了将大分子淀粉进行部分降解，以提高所得粉的溶解性，选择α-淀粉酶对沉淀物进行酶解。试验当中主要考察的酶解条件包括酶解料液比、预糊化时间、酶解温度、酶解时间及加酶量。

1. 料液比对酶解效果的影响

由于山药属薯蓣作物，沉淀物为高淀粉含量物质，当料液比比值较高的情况下，随着反应的进行，使得淀粉糊化而造成原料液过于黏稠，导致酶解反应无法进行。所以选择不同的料液比浆液在沸水浴保温使其糊化后测其黏度，结果见图6-11。

从图6-11中可以看出，随着料液比的比值降低，浆液糊化后的黏度是依次降低的。在料液比小于1：4（w/w）以后，浆液黏度范围基本适合进行酶解反应。根据结果选择1：4、1：4.5（w/w）两种料液比分别进行酶解反应，固定酶解温度70℃，时间70min，加酶量为0.1%（w/w）（基于酶解原料中沉淀物的质量），酶解效果见图6-12和图6-13。

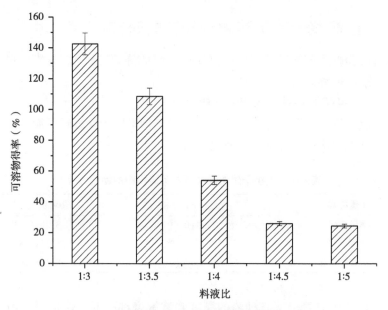

图 6-11　料液比对沉淀物浆液糊化后黏度的影响

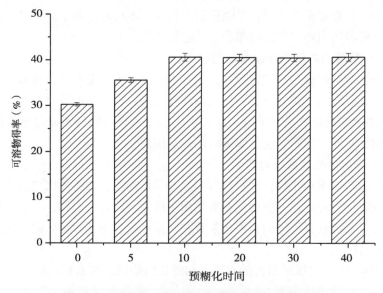

图 6-12　预糊化时间对 α-淀粉酶酶解效果的影响

由图 6-12 可以看出，两种料液比所得酶解效果当中，可溶物得率数值存在差异，1∶4（w/w）的料液比进行酶解反应后可溶物得率较空白样提高了

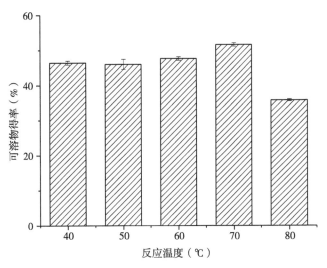

图 6-13　反应温度对 α-淀粉酶酶解效果的影响

1.34 倍；1：4.5（w/w）的料液比进行酶解反应后可溶物得率较空白样提高了 1.75 倍。而图 6-13 所显示的黏度值可以看出虽然 1：4（w/w）的料液比在进行酶解后黏度值较 1：4.5（w/w）的料液比降低倍数小，但酶解结束后前者是后者的 2 倍多，黏度值过高将不利于酶解反应的进行。所以综合考虑选择 1：4.5（w/w）作为酶解原料液的料液比值。

α-淀粉酶的酶解最适 pH 值为 52~5.8，待最适料液比确定后测定酶解原料液的 pH 值为 6.0 左右，所以选择在样液自然 pH 值条件下对其进行酶解。

2. 预糊化时间对酶解效果的影响

一定条件下，淀粉在淀粉酶的作用下被水解，水解程度与淀粉的糊化程度有关。随着糊化过程的进行，淀粉的晶体结构消失，淀粉变得易被淀粉酶水解，酶解力增强。控制温度 70℃，时间 90min，加酶量 0.1%（w/w），考察酶解原料液的预糊化时间对酶解效果的影响，结果见图 6-12。

从图 6-13 中可以看出，随着预糊化时间的增加，所得酶解液中的可溶物得率提高。在 0~10min 之间，可溶物得率从最初的 30.43% 提高到 43.29%，而在 10min 后随着预糊化时间的延长，可溶物得率提高缓慢，曲线基本持平。所以根据结果选择 10min 作为酶解原料液的预糊化时间值。

3. α-淀粉酶酶解反应温度对酶解效果的影响

控制反应时间 90min，加酶量 0.1%（w/w），考察温度对 α-淀粉酶酶解效果的影响，结果见图 6-15。

由图 6-15 可看出，在 40~65℃之间，可溶物得率提高缓慢，相差在 1% 左右，而 70℃ 较 65℃ 提高了 2% 左右℃；75℃ 较 70℃ 提高了 3% 左右。说明在 65~75℃ 之间酶活增强，在 75℃ 时酶活达到最大。而 80℃ 时的可溶物得率明显降低且低于其他温度条件，这是因为高温导致酶失活。

4. α-淀粉酶酶解反应时间对酶解效果的影响

控制反应温度 90℃，加酶量 0.1%（w/w），考察时间对 α-淀粉酶酶解效果的影响，结果见图 6-14。

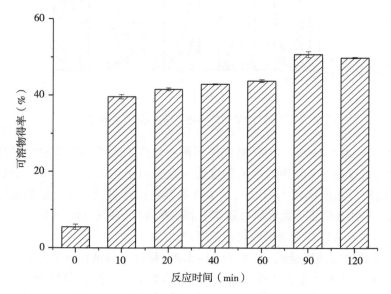

图 6-14　反应时间对 α-淀粉酶酶解效果的影响

由图 6-14 可看出，在反应初期 0~10min 之间酶解效果显著，可溶物得率显著提高，10~90min 之间，可溶物得率仍有所上升，90min 后曲线趋平。刚开始作为底物的淀粉浓度较大，酶催化底物反应速度快，迅速将淀粉降解，随后由于底物浓度减少，产物增多以及酶活力下降等原因，使得酶反应速度下降。

5. α-淀粉酶酶解加酶量对酶解效果的影响

控制反应温度为 70℃，时间为 90min，考察加酶量对 α-淀粉酶酶解效果的影响，结果见图 6-15。

由图 6-15 可知，在加酶量小于 0.05%（w/w）时，可溶物得率提高显著；0.05%~0.15%（w/w）之间增幅减小，相差 7% 左右，而再增加酶用量则

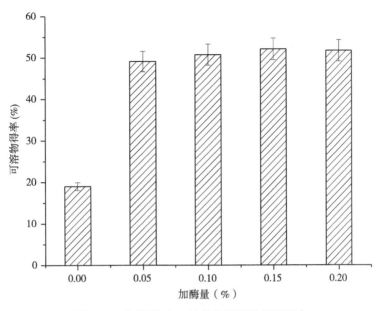

图 6-15 加酶量对 α-淀粉酶酶解效果的影响

几乎无变化。因为随着酶用量的增加，底物浓度相对达到饱和，过量的酶不参与反应。

6. α-淀粉酶酶解条件的优化确定

根据单因素试验结果，设计出表 6-7。由于本研究所考察的酶解工艺是为了得到适宜干燥的酶解物，对于后续干燥工艺而言，酶解液的黏度也是影响因素之一，黏度过高将不利于干燥，所以对于确定工艺的正交试验也将酶解液的黏度作为一个辅助考察指标。

表 6-7　正交试验设计及结果

序号	A 酶解时间（min）	B 酶解温度（℃）	C 加酶量（%）	可溶物得率（%）	黏度（mPa·s）
1	1（60）	1（65）	3（0.20）	45.43	16.6
2	2（90）	1	1（0.10）	45.00	17.6
3	3（120）	1	2（0.15）	48.86	16.8
4	1	2（70）	2	45.00	16.2
5	2	2	3	51.86	17.2
6	3	2	1	48.86	16.2
7	1	3（75）	1	50.57	17.2

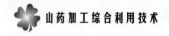

（续表）

序号	A 酶解时间 （min）	B 酶解温度 （℃）	C 加酶量 （%）	可溶物得率 （%）	黏度 （mPa·s）
8	2	3	2	52.29	17.2
9	3	3	3	51.43	17.8
Ⅰ	141.00	139.29	144.43		
Ⅱ	149.14	145.71	146.14		
Ⅲ	149.14	154.29	148.71		
K_1	47.00	46.43	48.14		
K_2	49.71	48.57	48.71		
K_3	49.71	51.43	49.57		
R	8.14	15.00	4.28		

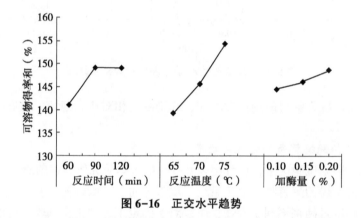

图 6-16　正交水平趋势

由正交试验结果表 6-8 和图 6-16 可以得出，各因素对酶解效果的影响程度由高到低依次为 B>A>C，即酶解温度>酶解时间>加酶量，最佳工艺组合为 $A_2B_3C_3$。所以最终确定的山药浆沉淀物的最佳酶解工艺条件为酶解时间 90min，酶解温度 75℃，α-淀粉酶酶添加量为酶解原料液中沉淀物的 0.2%（w/w）。对比正交试验条件进行验证试验，试验结果的可溶物得率为 52.38%。

七、三种制粉工艺路线所得三种粉的品质比较

综合上述试验结果，以山药为原料进行制粉加工得到三种不同粉。包括将山药煮制后加工所得的熟全粉将山药打浆离心后的上下两部分分别进行制粉加工所得到的黏液质粉和沉淀物酶解粉。三种粉的主要品质比较见表 6-8。

由表 6-8 中可以看出，在水分相近的条件下，三种粉均有着各自良好的

品质特点。熟全粉在一定程度上改善了生全粉的冲调性，黏液质粉，很好地保存了黏液质的独特黏稠特性，并有着很高的溶解度，酶解粉极大地提高了单纯依靠干燥方式改变而制备的沉淀物粉的黏度和溶解度。

表6-8　三种粉的品质对比较

	水分（%）	黏度（mPa·s）	溶解度（%）	冲调状态
熟全粉	4.73±0.25	15.40±0.20	18.42±0.20	有沉淀，体系较均一，溶解性不高
黏液质粉	5.13±0.50	159.20±0.76	96.50±0.97	黏稠细滑，体系均一，溶解性好
酶解粉	4.47±0.38	23.60±0.31	83.27±0.99	无沉淀，体系均一，溶解性好

第二节　山药馒头

制作工艺流程如下：

小麦粉
　　　　↘
　　　　　混合粉→和面→发酵→呛粉→成型→蒸制→成品
　　　　↗
山药粉

怀山药具有丰富的营养成分，可以增强人体的抵抗力，还具有抗衰老、抗肿瘤、抗突变及调节脾胃等功能。山药粉是山药的脱水制品，具有营养成分完整，水分含量少，运输方便的特点，是一种优良的食品加工原料与辅料。故选用山药粉代替一部分小麦面粉，增强其营养价值，再通过食品添加剂改良其加工特性，开发出新型具有营养保健功能的创新食品。本研究组研究了怀山全粉—小麦复合粉为基础粉，辅以谷朊粉、黄原胶和TG酶三种食品添加剂，运用混合实验仪、动态流变仪、质构仪对山药馒头进行了研究，研究发现三种添加剂最佳比例分别为6%、0.3%、100U/kg。经过改良后的山药馒头，具有较高的营养价值，经过感官评价，山药馒头具有较好的弹性，且外观饱满充实，赢得了普遍的认可。以下是具体的实验结果分析。

一、怀山药粉对馒头品质的影响

本研究组研究了不同比例的怀山药粉对馒头品质的影响，图6-17是添加了不同比例山药粉的馒头成品以及比容测定结果。

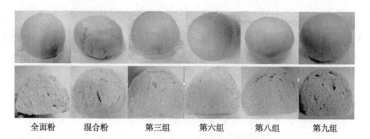

| 全面粉 | 混合粉 | 第三组 | 第六组 | 第八组 | 第九组 |

图 6-17　不同比例山药馒头成品

表 6-9　不同比例的怀山药馒头比容测定结果

山药粉比例（%）	体积（ml）	质量（kg）	比容
0	259±9.54[c]	101.90±3.21[a]	2.54±0.01[c]
5	216±19.31[b]	100.57±0.98[a]	2.15±0.17[b]
10	233.67±6.03[b]	101±1.47[a]	2.31±0.04[b]
15	240.33±5.13[bc]	105.49±3.15[a]	2.28±0.05[b]
20	217±6.08[b]	101.19±1.65[a]	2.14±0.4[b]
25	188±1.73[a]	100.98±1.11[a]	1.86±0.01[a]

　　一般成品馒头可被接受的比容为 $2.3cm^3/g$，因为山药粉中不含面筋性蛋白，随着山药粉的比例增大，面团中的面筋性蛋白比重在缩小，而山药的比重却在逐渐增加，导致面筋性蛋白不足以形成支持山药粉和其他如淀粉等物质的网状结构，并且随着山药粉的添加量增加，这种网状结构的致密程度在下降，所以成品馒头的体积越来越小，致使其比容呈下降趋势（表 6-9）。

二、怀山药粉对馒头质构的影响

　　一定范围内，硬度、胶黏性、咀嚼性与成品馒头的品质呈负相关，即硬度、胶黏性、咀嚼性的值越大，馒头的品质越差；弹性和内聚性与成品馒头的品质呈正相关，即弹性和内聚性越高，馒头的品质越好。

　　随着山药粉的比例越来越大，馒头的硬度、胶黏性、咀嚼性越来越大，逐渐失去弹性，馒头的品质越来越差，山药添加量大于 15% 比例的馒头，硬度很大，虽然因山药添加量大而营养价值高，但是品质很差不易改良，会增加改良剂的添加量反而提高了成本，故舍弃。山药添加量小于 15% 的馒头，硬度、胶黏性、咀嚼性这些指标的数值相近，而且添加量 15% 比例的馒头比容为 2.28 左右，硬度、弹性和咀嚼性尚且在可接受的区间，并且营养价值比较高，所以在后续的改良实验中，选择山药添加量 15% 为宜（表 6-10）。

表 6-10 不同比例的怀山药粉馒头质构测定结果

山药粉比例(%)	硬度	黏附性	内聚性	弹性	胶黏性	咀嚼性
0	14.12±1.50[a]	0.22±0.03[a]	0.7±0.01[a]	9.47±0.41[b]	10.41±1.18[a]	91.67±4.06[a]
5	22.07±1.41[b]	0.32±0.08[a]	0.6±0.02[a]	9.33±0.07[b]	16.71±2.07[bc]	143.01±5.46[b]
10	23.98±0.91[b]	0.34±0.02[a]	0.6±0.01[a]	9.06±0.36[ab]	15.61±0.97[b]	140.30±4.34[b]
15	26.26±1.19[b]	0.25±0.04[a]	0.6±0.04[a]	8.72±0.29[ab]	16.02±0.27[b]	151.05±7.64[b]
20	41.06±1.29[c]	0.35±0.02[a]	0.6±0.02[a]	8.35±0.18[a]	23.25±0.54[d]	198.96±4.65[c]
25	41.79±1.94[c]	0.37±0.13[a]	0.5±0.03[a]	8.92±0.08[ab]	20.23±0.60[cd]	195.27±7.3[c]

三、改良剂对面团热机械学特性的分析

添加了山药的馒头由于面筋的稀释，导致馒头的品质变差，因此本研究组选择三种改良剂对添加了山药的面团进行品质改良。所用的改良剂为谷朊粉、黄原胶和 TG 酶。所用的仪器为混合试验仪。改良结果如表 6-11 所示。

对比全面粉与混合粉，加入山药粉后，面团的吸水率下降，面团形成时间和稳定时间降低，说明面团的面筋强度和耐揉性降低，与山药粉不含面筋蛋白相关；混合粉 C1-C2 值提高，即面团中蛋白弱化程度提高；混合粉中 C3-C2 值提高，即淀粉糊化特性提高；且混合粉 C3-C4 的值高于全面粉，即混合粉的黏度崩解值提高，则淀粉酶的活性提高，糊化热稳定性下降，面团中淀粉更易糊化；混合粉 C4-C5 值降低，即淀粉回生值降低，延长了货架期，可能与怀山药粉良好的持水性有关。

随着谷朊粉的添加量提高，整体面团的吸水率提高，形成时间和稳定时间增加，C1-C2 的值降低，说明面筋逐渐增强，蛋白弱化程度降低，但是在 4% 时，C4、C5 的值高于 2%、6%，即保持黏度与回生终点黏度较高，且 C3-C4 值较低，淀粉糊化热稳定性更高，所以谷朊粉的最适添加量为 4%。

逐渐增加黄原胶的添加量，整体面团吸水率提高，稳定时间在增加，C1-C2 的值在降低，说明黄原胶可以和蛋白质作用降低其弱化程度以提高面筋强度，但是随着添加量增大，淀粉糊化热稳定性降低，在添加量为 0.3% 时淀粉回生特性最好。TG 酶不会影响面团的吸水率，但是逐渐增加添加量，C1-C2 的值在逐渐增加，说明 TG 酶会在一定程度上加快蛋白弱化，所以稳定时间逐渐减少；同时淀粉回生特性下降；但是在添加量为 200U/kg 时，C3-C2 与 C3-C4 值最低，说明适量的 TG 酶会有效改善淀粉糊化特性与糊化热稳定性。确定了的三种改良剂的最适添加量后，本研究组就三种添加剂进行了 9 正交实验，以确定最佳的改良效果。研究的结果如表 6-12。

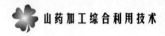

表6-11 单一改良剂对山药面团热机械学特性的分析结果

改良剂	水平	吸水率 （%）	形成时间 （min）	稳定时间 （min）	肖邦+协议						
					C1-C2 （Nm）	C2 （Nm）	C3-C2 （Nm）	C4 （Nm）	C5 （Nm）	C3-C4 （Nm）	C5-C4 （Nm）
面粉		64.3±0.01g	3.9±0.01b	6.72±0.02f	0.632±0.01a	0.465±0.01e	1.213±0.01a	1.537±0.00i	2.543±0.01f	0.141±0.02a	1.006±0.00i
混合粉	2%	54.4±0.00a	3.03±0.01a	5.67±0.01d	0.786±0.01a	0.298±0.00c	1.754±0.02f	1.351±0.02d	2.046±0.02b	0.701±0.02b	0.695±0.03bc
		56.2±0.02d	3.57±0.01ab	6.3±0.01e	0.799±0.02a	0.297±0.01c	1.699±0.01e	1.296±0.03b	2.017±0.03b	0.7±0.00b	0.721±0.02e
	4%	58±0.01e	4.02±0.02bc	7.07±0.01g	0.78±0.02a	0.33±0.01d	1.68±0.04d	1.335±0.04c	2.053±0.01b	0.666±0.01b	0.718±0.01d
	6%	60.5±0.00f	4.8±0.03c	7.48±0.00h	0.772±0.00a	0.331±0.00d	1.585±0.00c	1.246±0.00a	1.94±0.00a	0.67±0.00b	0.694±0.04b
谷朊粉	0.2%	55±0.02b	3.58±0.01ab	4.78±0.02a	0.869±0.03a	0.277±0.02a	1.773±0.03g	1.374±0.02e	2.072±0.01bc	0.676±0.03b	0.698±0.02c
	0.3%	55.9±0.03c	3.5±0.00ab	4.93±0.00b	0.847±0.01a	0.279±0.00a	1.792±0.02h	1.345±0.01d	2.022±0.04b	0.726±0.01b	0.677±0.00a
	0.4%	56.4±0.02d	3.48±0.01ab	5.57±0.0d	0.821±0.00a	0.288±0.03b	1.811±0.05i	1.374±0.02e	2.054±0.03b	0.725±0.04b	0.68±0.02a
TG酶	100U/kg	54.4±0.00a	3.28±0.00ab	5.58±0.00d	0.796±0.01a	0.288±0.02b	1.794±0.06h	1.4±0.04f	2.133±0.03cd	0.682±0.05b	0.733±0.04f
	200U/kg	54.4±0.01a	3.38±0.02ab	5.15±0.01c	0.824±0.01a	0.267±0.00a	1.418±0.03b	1.425±0.01g	2.193±0.02de	0.663±0.02b	0.768±0.03g
	300U/kg	54.4±0.00a	3.47±0.00bc	5.15±0.00c	0.826±0.01a	0.29±0.01bc	1.86±0.00j	1.439±0.00h	2.232±0.03e	0.676±0.00b	0.793±0.04h

表6-12 混合改良剂对山药面团热机械学特性的分析结果

| 序号 | 因素 | | | 吸水率(%) | 形成时间(min) | 稳定时间(min) | 肖邦+协议 | | | | | | | 隶属度值 |
	A 谷朊粉	B 黄原胶	C TG酶				C1-C2(Nm)	C2(Nm)	C3-C2(Nm)	C4(Nm)	C5(Nm)	C3-C4(Nm)	C5-C4(Nm)	
1	1	1	1	57.8±0.00a	3.4±0.01a	5.2±0.00a	1.066±0.01a	0.265±0.02a	2.048±0.00a	1.338±0.01a	2.045±0.01b	0.71±0.01d	0.707±0.02b	0.24
2	1	2	2	58.2±0.01a	4.28±0.00d	5.93±0.01b	1.136±0.00e	0.312±0.01a	2.103±0.01a	1.377±0.01e	2.057±0.00a	0.624±0.00a	0.726±0.01c	0.48
3	1	3	3	60.5±0.00a	4.53±0.02e	6.07±0.00c	1.082±0.03b	0.324±0.03a	2.098±0.00a	1.432±0.00f	2.237±0.02a	0.666±0.02c	0.805±0.00f	0.60
4	2	1	2	60.0±0.01a	3.95±0.00c	5.92±0.03b	1.1±0.0d	0.28±0.00a	2.005±0.01a	1.352±0.02c	2.167±0.02a	0.726±0.00f	0.68±0.00a	0.49
5	2	2	3	61.0±0.00a	3.87±0.01b	6.13±0.02d	1.094±0.01c	0.313±0.03a	2.095±0.01a	1.377±0.00e	2.197±0.01a	0.718±0.01e	0.82±0.01g	0.38
6	2	3	1	61.5±0.02a	4.88±0.02g	6.67±0.00e	1.074±0.01bc	0.299±0.00a	2.043±0.00a	1.295±0.01a	2.042±0.00a	0.748±0.01e	0.747±0.00d	0.67
7	3	1	3	62.6±0.00a	4.3±0.00d	6.78±0.01f	1.106±0.00l	0.317±0.01a	2.021±0.02a	1.36±0.01d	2.299±0.01a	0.653±0.00b	0.931±0.01i	0.58
8	3	2	1	62.5±0.01a	4.83±0.01f	7.15±0.00g	1.142±0.02e	0.339±0.00a	2.019±0.02a	1.295±0.02a	2.078±0.00a	0.724±0.01f	0.783±0.01e	0.75
9	3	3	2	63.1±0.01a	4.8±0.00f	6.97±0.00h	1.097±0.01bcd	0.297±0.00a	2.015±0.00a	1.292±0.00a	2.143±0.00a	0.723±0.01f	0.851±0.00h	0.66

从单因素结果分析来看，对淀粉糊化特性影响不显著，则选取显著的面团形成时间、稳定时间、淀粉糊化热稳定性、淀粉回生特性作为 Mixolab 参数的考察指标。

$$形成时间、稳定时间隶属度 = \frac{（指标值 - 最小指标值）}{（最大指标值 - 最小指标值）}$$

$$淀粉糊化热稳定性、回生特性隶属度 = \frac{（最大指标值 - 指标值）}{（最大指标值 - 最小指标值）}$$

由于实验四个指标值重要性不同，根据各个指标的重要性，取面团形成时间、稳定时间、淀粉糊化热稳定性、淀粉回生特性的权重分别为 0.3、0.3、0.2、0.2。以此每个实验最后的隶属度综合分 = 形成时间隶属度×0.3 + 稳定时间隶属度×0.3 + 淀粉糊化热稳定性×0.2 + 淀粉回生特性×0.2。由表 6-12 可知，3 因素对面粉隶属度的影响主次为 A>B>C，即谷朊粉>黄原胶>TG 酶，由于第 3、第 6、第 8、第 9 组的综合隶属度分高，对这四组进行验证实验。包括四组改良面团的流变特性以及成品馒头品质的分析。

四、改良剂对山药面团动态流变特性的影响

面团具有黏弹性，既有黏性流体的黏性特征也具体有弹性固体的弹性特征，两个特征影响加工过程和最终产品的质量。动态流变仪中有两个重要参

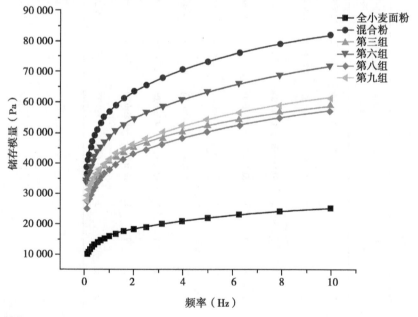

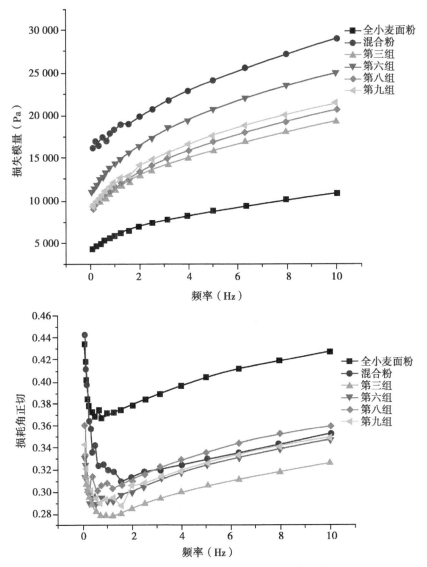

图 6-18 改良剂对山药面粉流变特性的影响

数：储存模量（G'）和损失模量（G"），储存模量代表物质的弹性本质，损失模量代表物质的黏性本质。损耗角正切 tan（delta）= G"/G'，表示所测物体中黏性和弹性的比例。若 tan（delta）越小，则体系中组分中高聚物的数量越多或聚合度越大。由图 6-18 可知，与空白小麦粉对比，加了山药粉的混合粉黏弹性显著增加，当加入改良剂后，面团的流变学特性与空白接近，但是高于空白，说明改良剂的加入，改变了面团的流变学特性。

五、改良剂对山药馒头品质的影响

改良后的山药馒头硬度得到改善，第八、第九组由于内部太过松软硬度很低，且失去了胶黏性，故其咀嚼性很低，第三组的硬度虽小，但是弹性低于第六组，只有第六组的各个特性更接近于全面粉的数值表6-13。

表6-13 改良组质构测试结果

组别	硬度	黏附性	内聚性	弹性	胶黏性	咀嚼性
面粉	17.55±1.78[b]	0.50±0.07[ab]	0.7±0.03[a]	8.95±0.33[b]	12.50±1.17[d]	111.51±6.84[d]
混合粉	26.12±5.10[c]	0.16±0.05[b]	0.6±0.02[a]	9.28±0.01[b]	18.24±1.07[e]	171.30±10.20[e]
第三组	10.57±0.29[a]	0.03±0.01[a]	0.7±0.05[a]	8.84±0.04[b]	7.59±0.19[bc]	67.11±1.33[bc]
第六组	12.21±0.26[ab]	0.05±0.01[a]	0.7±0.02[a]	9.46±0.32[b]	8.59±0.22[c]	81.10±4.74[c]
第八组	8.40±0.71[a]	0.03±0.01[a]	0.7±0.01[a]	9.12±0.05[b]	6.03±0.59[ab]	56.27±5.16[ab]
第九组	5.86±0.05[a]	0.04±0.01[a]	0.7±0.01[a]	8.31±0.06[a]	4.25±0.03[a]	35.25±0.06[a]

六、感官评价

在色泽、气味、韧性、黏性方面无较大差别，外观上第六、第八、第九组有很大改善，但是第八、第九组的内部结构上，比第六组稍逊，多气孔且大小不一。但是其松软的特点，赢得了普遍的认可，特别是第八组，因具有最好的弹性，且外观饱满充实，得分最高。感官评价结果与正交实验相吻合（表6-14）。

表6-14 感官评价结果

组别	全面粉	混合粉	第三组	第六组	第八组	第九组
色泽	8.7±0.5[cd]	8.3±0.5[bcd]	7.3±0.5[abc]	9.0±0.2[d]	6.7±0.5[a]	7.0±0.8[ab]
比容	12.7±0.5[bc]	2.0±0.8[a]	2.3±0.5[a]	10.7±0.5[b]	13.7±0.5[c]	12.3±1.2[bc]
外观	8.3±0.5[a]	7.3±0.9[a]	8.0±0.8[a]	8.7±0.5[a]	8.7±0.5[a]	8.7±0.5[a]
气味	6.3±0.5[ab]	4.7±0.5[a]	4.7±0.5[a]	6.7±0.9[c]	6.3±0.5[ab]	5.7±0.5[ab]
组织结构	9.0±0.2[b]	4.3±0.9[a]	4.0±0.8[a]	7.0±0.8[b]	9.0±0.2[b]	8.7±0.5[b]
弹性	7.7±1.2[a]	7.0±0.8[a]	7.0±0.8[a]	7.3±1.2[a]	8.3±0.5[a]	8.7±0.5[a]
韧性	8.7±0.5[a]	7.7±0.9[a]	8.0±0.8[a]	8.7±0.5[a]	8.0±0.8[a]	8.7±0.5[a]
黏性	8.0±0.8[b]	3.7±0.5[a]	3.7±0.5[a]	7.0±0.8[b]	8.7±0.5[b]	7.7±0.5[b]

（续表）

组别	全面粉	混合粉	第三组	第六组	第八组	第九组
整体可接受性	83.3±2.4[b]	56.3±2.4[a]	60.0±3.3[a]	80.0±0.8[b]	84.3±0.5[b]	82.3±2.6[b]
总分	8.7±0.5[cd]	8.3±0.5[bcd]	7.3±0.5[abc]	9.0±0.2[d]	6.7±0.5[a]	7.0±0.8[ab]

第三节　山药饮料

一、山药饮料的加工工艺

山药饮料的工艺流程如下：

原料筛选→清洗→去皮→切片→护色→粉碎→调配→均质→杀菌→灌装

（1）原料筛选。选用成熟适中，无霉烂，无病虫害和机械损伤的新鲜山药。

（2）清洗、去皮。原料稍经浸泡后，清洗表面泥沙及杂物，用刀去皮将山药表皮去净。

（3）切片。将去皮山药切成1cm左右的薄皮。

（4）护色。将山药片迅速放入护色液中，然后将溶液加热到90～95℃，保持5min，加热过程中注意搅拌。

（5）粉碎。用冷水冲洗经过护色处理的山药，按原料：水=1：3的比例加入处理水，粉碎。

（6）调配。在原料汁中加入稳定剂形成悬浮液，即可得到原汁型饮料；在原料汁中加入适量的白糖和有机酸，即可得到调味型饮料。

（7）均质。将调配后的原料在70～80℃，20MPa以上的工作压力下均质1次。

（8）杀菌。在121℃下高压杀菌15min（或其他杀菌方法）。杀菌后灌装，即为成品。

二、山药饮料加工中通常存在的问题

（1）山药饮料的变色问题。山药含有多酚氧化酶，若去皮后不经处理，在空气中放置则会出现由乳白色变为紫色到紫蓝色到红褐色的颜色变化，制成汁后严重影响了山药饮料的外观。因为酶促褐变在有氧的条件下较易发生，为了更好的抑制酶促反应，可以将刮皮后的山药浸入含有抑制酶活的试剂溶液中。如果我们将山药煮熟之后再去皮，虽然加热使山药中的酶失去活性，抑制了酶促褐变的产生而保持山药不变色，但是煮熟后刮皮的山药经打碎磨浆后不易保存，会发生腐败。

（2）山药饮料的稳定性问题。山药中主要成分为碳水化合物，其实主要还是淀粉较多。由于淀粉颗粒较大，因此解决淀粉的返生凝沉是山药饮料制作中的关键所在，也是饮料在制作中的一大难点。在加工过程中，用淀粉酶处理山药中的淀粉可以使得山药饮料沉淀明显减少，但是山药特有的香气明显减弱，外观色泽是真。目前对淀粉返生凝陈的解决办法有两种：其一，采用均质处理。根据工程流体力学原理，颗粒的沉降速度符合斯托克斯定律，即与颗粒大小成正比与汁液的粘度成反比，因此采用高压均质机使山药饮料中的颗粒减小，提高成品的稳定性。其二，增加料液的黏度。向料液中加入增稠剂或稳定剂，来减少颗粒的沉降速度，有效的防止淀粉颗粒沉淀，可使用海藻酸钠，CMC-Na，黄原胶等。

（3）山药饮料的防腐问题。饮料中可能还有一定数量的微生物，长期保存易发生腐败，可以适当加入适量的防腐剂。山药饮料中防腐剂可以使用苯甲酸钠，而不宜使用山梨酸钾。经试验证明，山梨酸钾与柠檬酸反应生成难溶性的山梨酸钾，导致溶液分散不均质，影响产品品质和防腐效果。

（4）山药饮料的灭菌问题。山药饮料若经高温下灭菌，时间控制不当容易产生蛋白质的变性沉淀，影响产品的风味与品质；若温度不够，则难以彻底灭菌，影响饮料的保质期。

三、护色剂对怀山药酶促褐变的影响

常用的护色剂有异抗坏血酸钠，NaCl 和柠檬酸，为考察这几种护色剂对怀山药的护色效果，在单因素实验基础上，选用 $L_9(3^4)$ 正交实验对怀山药酶促褐变抑制工艺进行优化。

表 6-15　怀山药护色剂正交实验设计及结果

序号	A：异抗坏血酸钠（%）	B：NaCl（%）	吸光度值 OD_{420nm}
1	0.10	0.4	0.502
2	0.10	0.6	0.537
3	0.10	0.8	0.546
4	0.12	0.4	0.335

（续表）

序号	A：异抗坏血酸钠（%）	B：NaCl（%）	吸光度值 OD$_{420nm}$
5	0.12	0.6	0.362
6	0.14	0.8	0.408
7	0.14	0.4	0.421
8	0.14	0.6	0.449
9	0.14	0.8	0.463
k_1	1.585	1.258	
k_2	1.105	1.348	
k_3	1.333	1.417	
R	0.480	0.159	

从表6-15可以看出，各因素对护色效果的影响为 A＞B，最优组合为 A2B1。即异抗坏血酸钠对酶促褐变的影响比 NaCl 的影响强，最佳的护色配方为：异抗坏血酸钠0.12%、氯化钠0.4%。

四、稳定剂对怀山药汁稳定性的影响

CMC-Na、卡拉胶和单甘脂为常见的稳定剂。选择 CMC-Na 含量（A/%）、卡拉胶含量（B/%）、单甘脂含量（C/%）3 种稳定剂，选用 L$_9$（3^4）正交试验表，对怀山药汁的稳定剂组成进行优化（表6-16）。

表6-16 怀山药汁稳定性正交实验设计及结果

序号	A：CMC-Na（%）	B：卡拉胶（%）	C：单甘脂（%）	稳定性（%）
1	0.08	0.06	0.08	80.55
2	0.08	0.08	0.10	95.47
3	0.08	0.10	0.12	85.69
4	0.10	0.06	0.10	82.63
5	0.10	0.08	0.12	93.16
6	0.10	0.10	0.08	88.25
7	0.12	0.06	0.12	83.47
8	0.12	0.08	0.08	90.52
9	0.12	0.10	0.10	87.91
k_1	261.71	246.65	259.32	
k_2	264.04	279.15	266.01	
k_3	261.90	261.85	262.32	
R	2.33	32.50	6.69	

各因素对稳定性的影响大小为 B>C>A，最佳的配方为 $A_1B_2C_2$。即各因素对山药汁稳定性的影响主次为：卡拉胶>单甘脂>CMC-Na，稳定剂的最佳配方为：CMC-Na0.08%，卡拉胶0.08%，单甘脂0.10%。

五、怀山药汁配方的优化

蜂蜜甜而不腻，入口润滑，营养丰富；木糖醇在人体内代谢不仅不需要胰岛素，还能促进胰脏分泌胰岛素，是一种功能性甜味剂。选择蜂蜜含量（A/%）、木糖醇含量（B/%）、柠檬酸含量（C/%）3个条件，来对山药饮料的风味进行优化处理。结果如下表6-17所示。

表6-17　怀山药汁口味的正交试验设计及结果

序号	A：蜂蜜（%）	B：木糖醇（%）	C：柠檬酸（%）	评分
1	3	0.20	0.2	75
2	3	0.25	0.3	72
3	3	0.30	0.4	68
4	5	0.20	0.4	86
5	5	0.25	0.2	95
6	5	0.30	0.3	90
7	7	0.20	0.2	80
8	7	0.25	0.4	83
9	7	0.30	0.3	86
k1	215	241	256	
k2	271	250	242	
k3	249	244	237	
R	56	9	19	

由表6-17我们可以看出，对山药汁口味影响的大小分别是 A>C>B，最优的山药汁口味配方为 $A_2B_2C_1$。即对山药汁口味影响的主次因素为：蜂蜜>柠檬酸>木糖醇，山药饮料最佳的风味配方为蜂蜜5%，木糖醇0.25%，柠檬酸0.20%。

蜂蜜甜度一般为蔗糖的1.3倍，木糖醇的甜度为蔗糖的0.6~0.7倍，因此根据上述所配得的山药饮料配方，我们可以计算出山药饮料中的甜酸比为33.13。

第四节　山药醋

我国酿酒、酿醋的历史非常悠久，粮食消耗量大，为此国家已经高度重视起"非粮食酿酒的开发与生产"问题，果醋系列产品在我国的开发与利用是非常必要和及时的。因此，有试验对山药液化糖化、酒精发酵、醋酸发酵、澄清等工艺进行研究，以期找到山药醋酿造的最佳工艺，为工业化生产提供参考数据。山药醋的研发不仅丰富了果醋类型，而且解决了由于山药大量集中成熟、食用和加工能力远远跟不上生产能力所造成资源极大浪费的问题。山药醋开发有利于提高农民收入，有利于科学规划山药的种植面积，形成山药产业链，为山药资源的深加工和综合利用提供一条有效的途径，所以以开发山药醋对促进山药制品产业的发展具有重大意义。

山药醋

本研究组在参考相关工艺基础上，针对果醋发酵工艺的问题，筛选出优良的醋酸菌菌株。在此基础上，详细研究了怀山药醋的制备工艺，确定了怀山药醋发酵的前处理工艺，优化了酒精发酵及醋酸发酵的条件，初步探索了怀山药醋的挥发性风味成分，以期为怀山药醋的加工以及产业化提供理论依据和技术

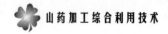
支持。

一、微生物筛选方面

采用钙平板分离初筛、革兰氏染色与产醋酸定性试验初步鉴定、乙醇氧化试验法复筛等方法，从果醋醪液、食醋粗醪中分离筛选出5株产酸能力较好的醋酸菌。再经过产酸量试验、耐盐性试验、耐酒精性试验，以恶臭醋酸杆菌AS1.41为对照菌株，得到了2株产酸量高且稳定的优良醋酸菌，对其进行形态观察、生理生化试验、16S rDNA序列以及dnaK功能基因序列分析，最终鉴定这2株醋酸菌分别为巴氏醋酸杆菌（*Acetobacter pasteurianus*）B103和热带醋酸杆菌（*Acetobacter tropicalis*）B104。以下是筛选出的2株产酸量高且稳定的优良醋酸菌鉴定结果。

形态特征：

对菌株B103和菌株B104进行革兰氏染色，100倍物镜，10倍目镜下形态观察呈阴性反应，且无芽孢，呈短杆状，单个或成对、成链排列，见图6-19。

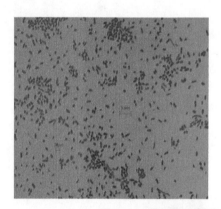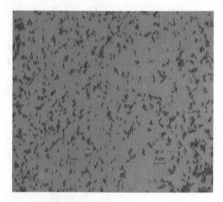

图6-19　菌株革兰氏染色图片，左B103、右B104

培养特征：

在固体培养基上菌株B103和菌株B104的菌落形态为圆形，表面光滑，中间凸起，菌落周围有明显的钙溶解圈；在液体培养基上菌株B103和菌株B104的发酵培养基变浑浊，且有明显的醋酸味道，见图6-20。

生理生化鉴定：

对菌株B103进行BIOLOG GEN Ⅲ生理生化试验，结果见表6-18。

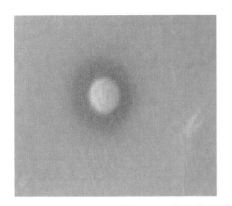
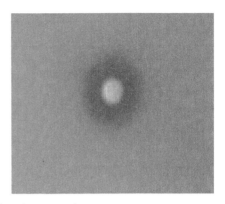

图 6-20 菌株菌落形态，左 B103、右 B104

表 6-18 菌株 B103 生理生化试验结果

项目	结果	项目	结果	项目	结果	项目	结果
阴性对照	–	a–D–葡萄糖	–	明胶	–	p–羟基苯乙酸	–
糊精	–	D–甘露糖	–	甘氨酸–L–脯氨酸	–	丙酮酸甲酯	+
D–麦芽糖	–	D–果糖	–	L–丙氨酸	–	D–乳酸甲酯	–
D–海藻糖	–	D–半乳糖	–	L–精氨酸	–	L–乳酸	+
D–纤维二糖	–	3–甲基–D–葡萄糖	–	L–天冬氨酸	–	柠檬酸	–
龙胆二糖	–	D–岩藻糖	–	L–谷氨酸	–	α–酮戊二酸	–
蔗糖	–	L–岩藻糖	–	L–组氨酸	–	D–苹果酸	–
松二糖	–	L–鼠李糖	–	L–焦谷氨酸	–	L–苹果酸	–
水苏糖	–	肌苷	–	L–丝氨酸	–	溴代丁二酸	–
阳性对照	+	1%乳酸钠	+	林可霉素	+	萘啶酸	+
pH 值 6.0	+	夫西地酸	+	盐酸胍	–	氯化锂	–
pH 值 5.0	w	D–丝氨酸	+	十四烷硫酸钠	–	亚碲酸钾	w
D–棉子糖	–	D–山梨醇	–	果胶	–	吐温 40	–
α–D–乳糖	–	D–甘露醇	–	D–半乳糖醛酸	–	γ–氨基丁酸	w
D–蜜二糖	–	D–阿糖醇	–	L–半乳糖酸内酯	–	α–羟丁酸	w
β–甲基–D–葡糖苷	–	肌醇	–	D–葡糖酸	–	β–羟基–D，L–丁酸	–
D–水杨苷	–	甘油	–	D–葡萄糖醛酸	–	α–丁酮酸	w
N–乙酰–D–葡糖胺	–	D–葡糖–6–磷酸	–	葡糖醛酰胺	w	乙酰乙酸	–

（续表）

项目	结果	项目	结果	项目	结果	项目	结果
N-乙酰-β-D-甘露糖胺	-	D-果糖-6-磷酸	-	黏酸	-	丙酸	-
N-乙酰-D-半乳糖胺	-	D-天冬氨酸	-	奎宁酸	-	乙酸	w
N-乙酰神经氨酸	-	D-丝氨酸	-	糖质酸	-	甲酸	-
1%NaCl	+	醋竹桃霉素	+	万古霉素	+	氨曲南	+
4% NaCl	+	利福霉素 SV	+	四唑紫	+	丁酸钠	+
8% NaCl	-	二甲胺四环素	+	四唑蓝	+	溴酸钠	-

注："+"代表阳性，"-"代表阴性

对菌株 B104 进行 BIOLOG GEN III 生理生化试验，结果见表 6-19 所示。

表 6-19　菌株 B104 生理生化试验结果

项目	结果	项目	结果	项目	结果	项目	结果
阴性对照	-	a-D-葡萄糖	+	明胶	-	p-羟基苯乙酸	+
糊精	-	D-甘露糖	-	甘氨酸-L-脯氨酸	-	丙酮酸甲酯	+
D-麦芽糖	-	D-果糖	-	L-丙氨酸	-	D-乳酸甲酯	-
D-海藻糖	-	D-半乳糖	-	L-精氨酸	-	L-乳酸	+
D-纤维二糖	-	3-甲基-D-葡萄糖	-	L-天冬氨酸	-	柠檬酸	-
龙胆二糖	-	D-岩藻糖	-	L-谷氨酸	-	α-酮戊二酸	+
蔗糖	-	L-岩藻糖	-	L-组氨酸	-	D-苹果酸	-
松二糖	-	L-鼠李糖	-	L-焦谷氨酸	-	L-苹果酸	-
水苏糖	-	肌苷	-	L-丝氨酸	-	溴代丁二酸	-
阳性对照	+	1%乳酸钠	+	林可霉素	+	萘啶酸	+
pH 值 6.0	+	夫西地酸	+	盐酸胍	w	氯化锂	-
pH 值 5.0	w	D-丝氨酸	+	十四烷硫酸钠	w	亚碲酸钾	+
D-棉子糖	-	D-山梨醇	-	果胶	-	吐温 40	-
α-D-乳糖	-	D-甘露醇	-	D-半乳糖醛酸	-	γ-氨基丁酸	-
D-蜜二糖	-	D-阿糖醇	-	L-半乳糖酸内酯	-	α-羟丁酸	+
β-甲基-D-葡糖苷	-	肌醇	-	D-葡糖酸	-	β-羟基-D-L-丁酸	w

（续表）

项目	结果	项目	结果	项目	结果	项目	结果
D-水杨苷	-	甘油	w	D-葡萄糖醛酸	-	α-丁酮酸	+
N-乙酰-D-葡糖胺	-	D-葡糖-6-磷酸	-	葡糖醛酰胺	w	乙酰乙酸	-
N-乙酰-β-D-甘露糖胺	-	D-果糖-6-磷酸	-	黏酸	-	丙酸	w
N-乙酰-D-半乳糖胺	-	D-天冬氨酸	-	奎宁酸	+	乙酸	+
N-乙酰神经氨酸	-	D-丝氨酸	-	糖质酸	-	甲酸	+
1%NaCl	+	醋竹桃霉素	+	万古霉素	+	氨曲南	+
4%NaCl	+	利福霉素 SV	+	四唑紫	+	丁酸钠	+
8%NaCl	-	二甲胺四环素	+	四唑蓝	+	溴酸钠	-

注："+"代表阳性，"-"代表阴性

菌株 B103 与相关种 dnaK 基因序列系统发育分析

在对菌株 B103 进行 16S rDNA 分析的基础上，绘制系统发育树，根据 dnaK 功能基因序列分析，绘制菌株 B103 与相关种 dnaK 功能基因序列分析图如图 6-21 所示，结合系统发育树及 dnak 功能基因序列分析，菌株 B103 与巴氏醋杆菌（*Acetobacter pasteurianus*）非常接近，同源性达到100%，基本可确定菌株 B103 为巴氏醋杆菌（*Acetobacter pasteurianus*）。

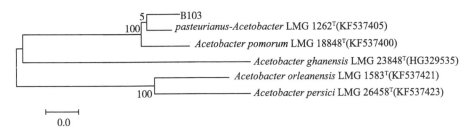

图 6-21 菌株 B103 与相关种 dnaK 功能基因序列分析

菌株 B104 与相关种 dnaK 基因序列系统发育分析

在对菌株 B104 进行 16S rDNA 分析的基础上，绘制系统发育树，根据 dnaK 功能基因序列分析，绘制菌株 B104 与相关种 dnaK 功能基因序列分析图如图 6-22 所示，结合系统发育树及 dnak 功能基因序列分析，菌株 B104 与热带醋杆菌（*Acetobacter tropicalis*）非常接近，同源性达到 100%，基本可确定菌株 B104 为热带醋杆菌。

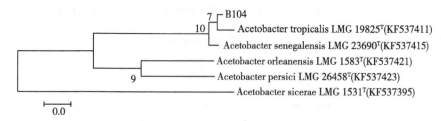

图 6-22　菌株 B104 与相关种 dnaK 功能基因序列分析

二、怀山药醋饮工艺条件研究

山药水解液制备工艺流程如下：

山药→清洗、去皮→护色→打浆→浓度调节→pH 值调节→温度调节→液化（加 α-淀粉酶）→灭酶→pH 值调节→温度调节→糖化（加糖化酶）→灭酶→水解液（备用）

山药水解液发酵醋的工艺流程：

山药水解液→杀菌灭酶→调整糖浓度→pH 值调整→酒精发酵→pH 值调整→醋酸发酵→陈酿→澄清→杀菌→成品

（一）怀山药酶解工艺条件的优化

不同 α-淀粉酶加酶量对怀山药酶解效果的影响：控制酶解温度为 50℃，酶解时间为 40min，选取加酶量分别为 0、0.5%、1%、1.5%、2%，考察 α-淀粉酶加酶量对山药全浆还原糖含量和黏度的影响。结果如图 6-23 所示。

由图 6-23 可知，山药全浆的还原糖含量随酶用量的增加而增大，黏度值随着酶用量的增加而减小。当淀粉酶的加酶量大于 1.5% 时，山药还原糖含量和黏度值变化不大。这是由于当底物浓度超过酶用量时，反应速率随着酶的添加量增大而增大，而当底物浓度与全部的酶结合后，继续增加酶用量，对酶解效果影响不大。因此，从节约酶用量成本的角度看，选择加酶量为 1.5%。

不同 α-淀粉酶酶解温度对怀山药酶解效果的影响：控制加酶量为 1.0%，酶解时间为 40min，选取酶解温度分别为 50、60、70、80、90℃，考察 α-淀粉酶酶解温度对山药全浆还原糖含量和黏度的影响。结果如图 6-24 所示。

由图 6-24 可知：在温度为 50℃时，山药酶解液中的还原糖含量很低，淀粉酶的酶解作用较弱。随着温度不断的升高，淀粉颗粒晶体结构被破坏，水分

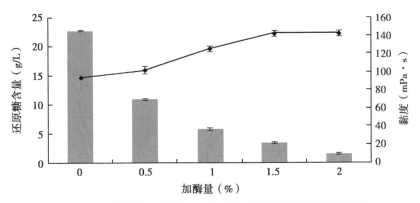

图6-23 α-淀粉酶加酶量对山药全浆还原糖含量和黏度的影响

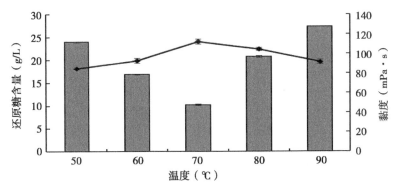

图6-24 α-淀粉酶酶解温度对山药全浆还原糖含量和黏度的影响

子进入淀粉颗粒中且破坏了淀粉分子间的缔合状态,还原糖含量不断增加,淀粉酶的酶解能力不断加强。当温度继续上升到70℃时,有较高的还原糖含量,但当温度超过70℃时,山药淀粉酶解产生的还原糖含量却稍有降低,黏度值迅速升高,这是由于温度过高,使酶失去活性,淀粉发生糊化现象。因此酶解温度控制在70℃时最佳。

不同α-淀粉酶酶解时间对怀山药酶解效果的影响:控制酶解温度为50℃,加酶量为1.0%(w/w),选取酶解时间分别为10、20、30、40、50min,考察α-淀粉酶酶解时间对山药全浆还原糖含量和黏度的影响。结果如图6-25所示。

由图6-25可知:在酶解反应的初期,随着酶解反应的进行,还原糖的含量增加,黏度值降低。当酶解反应进行40min后,反应状态基本保持不变。为了使淀粉酶解目的达到的同时降低营养成分的损失,确定最佳酶解时间

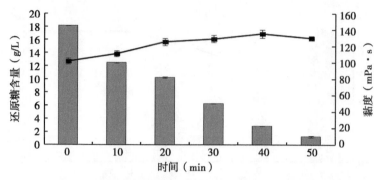

图 6-25 α-淀粉酶酶解时间对山药全浆还原糖含量和黏度的影响

为 40min。

不同糖化酶加酶量对怀山药酶解效果的影响：控制酶解温度为 60℃，酶解时间为 24h，选取加酶量分别为 0.05%、0.1%、0.15%、0.2%、0.25%，考察糖化酶加酶量对山药全浆还原糖含量和黏度的影响。结果如图 6-26 所示。

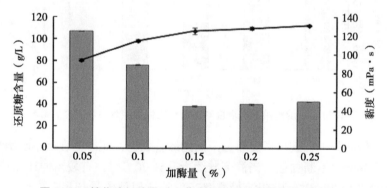

图 6-26 糖化酶加酶量对山药全浆还原糖含量和黏度的影响

由图 6-26 可知：随着酶添加量的增加还原糖含量有着显著的提高，黏度有显著的降低。当进入酶解反应的后期时，由于大部分底物的酶被解掉，较低浓度的底物无法和过剩的较高浓度的酶相结合。因而糖化酶的添加量过高时，还原糖含量的增长趋势较缓。综合考虑，糖化酶在山药淀粉的糖化工艺中添加量控制在 1.5%较为合适。

不同糖化酶酶解温度对怀山药酶解效果的影响：控制加酶量为 0.1%，酶解时间为 24h，选取酶解温度分别为 50、55、60、65、70℃，考察糖化酶酶解温度对山药全浆还原糖含量和黏度的影响。结果如图 6-27 所示。

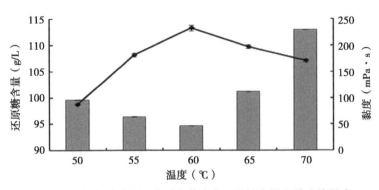

图6-27　糖化酶酶解温度对山药全浆还原糖含量和黏度的影响

由图6-27可知：随着温度的升高，还原糖的含量升高，黏度降低。当温度达到60℃时，山药淀粉酶解液中的还原糖含量达到最大值，继续升高温度，还原糖含量开始降低，淀粉发生糊化现象，黏度迅速升高。因此，选择最适宜的糖化温度为60℃。

不同糖化酶酶解时间对怀山药酶解效果的影响：控制酶解温度为60℃，加酶量为0.1%（w/w），选取酶解时间分别为12、24、36、48、60h，考察糖化酶酶解时间对山药全浆还原糖含量和黏度的影响。结果如图6-28所示。

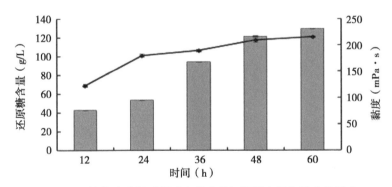

图6-28　糖化酶酶解时间对山药全浆还原糖含量和黏度的影响

由图6-28可知：当酶解时间到24h时，还原糖含量随着时间的增加没有显著增加，黏度值开始变大。因为在糖化反应中，酶解时间过长产生副产物和发生淀粉糊化现象机会较大。因此糖化时间控制在24h最合适。

（二）怀山药酒精发酵工艺条件的优化

不同酵母菌种类对怀山药酒精发酵的影响：控制酵母菌的接种量为5%，

发酵温度为30℃，初始糖浓度为12%，选取酵母菌种类分别为卡斯特酒精酵母Q5503，萨地假丝酵母Q3505，威克克鲁维酵母Q240401，异常汉逊酵母Q340502，安琪酿酒酵母，考察不同酵母菌种类对山药酶解液酒精含量的影响。结果如图6-29所示。

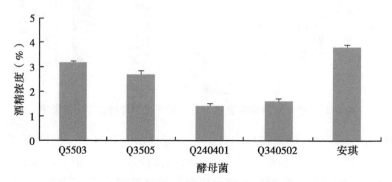

图6-29　酵母菌种类对山药酒精发酵的影响

由图6-29可知：以安琪酿酒酵母作为对照菌株，以发酵后酒精浓度为指标，卡斯特酒香酵母Q5503与其他酵母菌相比，其发酵力较强，作为之后用于酒精发酵的酵母菌。

不同酵母菌接种量对怀山药酒精发酵的影响：选定酵母菌的种类为卡斯特酒精酵母Q5503，控制发酵温度为30℃，初始糖浓度为12%，选取酵母菌的接种量分别为1%、3%、5%、7%、9%、11%，考察酵母菌的接种量对山药酶解液酒精含量的影响。结果如图6-30所示。

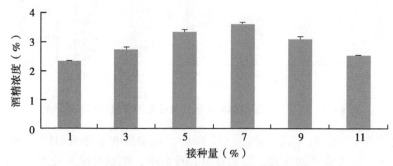

图6-30　酵母菌接种量对山药酒精发酵的影响

由图6-30可知：酵母接种量的不同对酒精发酵影响比较大。随着酵母接种量的增加，酒精浓度也随之增加。当酵母接种量为7%时，酒精发酵产酒精量达到最大。酵母接种量大发酵速度快，但当酵母的接种量过大时，营养物质就会更多的消耗在菌体细胞的生长繁殖上，造成用于生产酒精的底物量减少，产酒精量不升反降。因此选择酵母接种量为7%。

不同发酵温度对怀山药酒精发酵的影响：选定酵母菌的种类为卡斯特酒精酵母Q5503，控制酵母菌的接种量为5%，初始糖浓度为12%，选取发酵温度分别为24、26、28、30、32℃，考察不同发酵温度对山药酶解液酒精含量的影响。结果见图6-31。

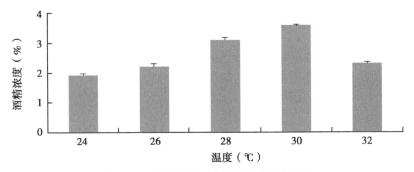

图6-31　发酵温度对山药酒精发酵的影响

由图6-31可知：发酵温度升高，发酵液中的酒精浓度随之增加。当发酵温度到30℃时，发酵液的酒精浓度达到最大。继续升高发酵温度，会加快菌体的老化，不利于酵母菌的生长繁殖，降低酒精浓度。因此30℃是最佳发酵温度。

不同初始糖浓度对怀山药酒精发酵的影响：选定酵母菌的种类为卡斯特酒精酵母Q5503，控制酵母菌的接种量为5%，发酵温度为30℃，选取初始糖浓度分别为12%、14%、16%、18%、20%，考察不同初始糖浓度对山药酶解液酒精含量的影响。结果见图6-32。

如图6-32可知：随着初始糖浓度的增加，酒精浓度也在不断地增大。当初始糖浓度为16%时，酒精浓度的增长速度变得缓慢，继续增加初始糖浓度的量并没有明显提高发酵液的酒精浓度。因此，从节约成本的角度考虑，选择16%的初始糖浓度更加合理。

（三）怀山药醋酸发酵工艺条件的优化

不同醋酸菌接种量对怀山药醋酸发酵的影响：醋酸菌的接种量大小会对醋酸发酵周期有直接的影响，适当增加醋酸菌的接种量，可以明显地缩短醋酸的发酵周期，并且能够降低杂菌污染发酵菌液的机会，而醋酸菌的接种量过大

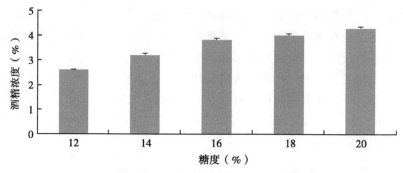

图 6-32　初始糖浓度对山药酒精发酵的影响

时，会产生大量的代谢废物，导致醋酸菌细胞出现过早老化、自溶等现象。为此本试验控制发酵温度为 30℃，初始酒精含量为 8%，设计了醋酸菌的接种量水平分别为 4%、6%、8%、10%、12%，每隔 2 天测定发酵液中酸度一次，结果见图 6-33。

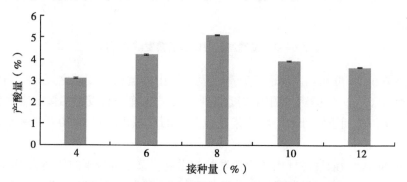

图 6-33　醋酸菌接种量对山药醋酸发酵的影响

从图 6-33 可知，当醋酸菌的接种量较低时，发酵液中的酒精不能发酵完全；当醋酸菌的接种量较高时，产生的代谢物会抑制醋酸菌的生长。当醋酸菌的接种量在 8% 时，发酵液中的含酸量最高，因此醋酸菌的接种量采用 8%。

不同发酵温度对怀山药醋酸发酵的影响：在一定的温度范围内醋酸菌生长繁殖的速度较快，当温度升高到一定程度时，醋酸菌的生长繁殖开始变得缓慢，产酸量也会随之降低。醋酸菌的发酵温度范围应控制在 26~34℃，为此本试验控制醋酸菌接种量为 6%，初始酒精含量为 8%，设计了发酵温度水平分别为 26、28、30、32、34℃，每隔 2 天测定发酵液中酸度一次，结果见图 6-34。

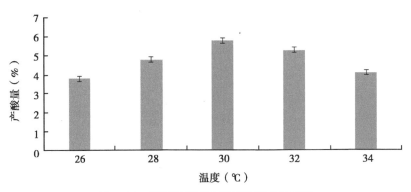

图 6-34 发酵温度对山药醋酸发酵的影响

由图 6-34 可知：醋酸菌发酵温度一般控制在 26~34℃。随着温度的升高发酵液中酸度明显升高；当发酵温度为 30℃时产酸量达到最高，发酵速度快。继续升高温度反而会降低发酵液中的酸度。因此，选择发酵温度为 30℃。

不同初始酒精含量对怀山药醋酸发酵的影响：酒精是醋酸菌生长繁殖代谢的主要营养物质，酒精浓度的增加使得醋酸发酵过程的产酸量明显增加，但酒精浓度过高时会抑制醋酸菌的生长代谢，产酸量随之减少，所以控制醋酸发酵的酒精浓度较为关键。为此本试验控制醋酸菌的接种量为 6%，发酵温度为 30℃，设计了酒精浓度水平分别为 6%、7%、8%、9%、10%，每隔 2 天测定发酵液中酸度一次，结果见图 6-35。

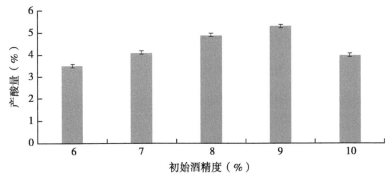

图 6-35 初始酒精度对山药醋酸发酵的影响

由图 6-35 可知：过低或过高的酒精浓度都不利于醋酸菌产酸。当发酵液中的酒精含量较低时，醋酸菌的主要营养物质就少，产酸量就相应的少；当发酵液中的酒精含量过高时，酒精会抑制醋酸菌的生长繁殖，产的酸也相应少；

当醋酸接种量为9%时，醋酸产酸量达到最高，有利于醋酸发酵过程的进行。

在获得优良菌株的条件下，对怀山药醋的酿造工艺进行研究。得到了怀山药醋酿造工艺过程中酶解反应、酒精发酵和醋酸发酵的最佳工艺参数为：α-淀粉酶的添加量为1.5%，料液比为1：4，酶解温度为70℃，酶解时间为40min；糖化酶的添加量为0.15%，酶解温度为60℃，酶解时间为24h；酒精发酵的酵母菌接种量为7.0%，发酵温度为30℃，初始糖浓度为16%；醋酸发酵的醋酸菌接种量为8.0%，发酵温度为30℃，初始酒精浓度为9.0%。

三、怀山药醋风味物质的鉴定分析

怀山药原浆风味物质 GC-MS 分析检测：

通过计算机谱库 NIST8.0 检索及相关文献对怀山药原浆风味物质检测得到总离子流图如图 6-36 所示，分析后得到鉴定结果如表 6-20 所示。

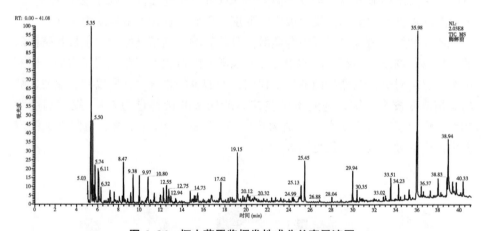

图 6-36　怀山药原浆挥发性成分总离子流图

表 6-20　怀山药原浆挥发性成分的 GC-MS 分析结果

编号	保留时间（min）	中文名称	相对含量（%）	分子式	相对分子质量
1	5.35	三烯β醇	8.69	$C_{18}H_{24}O$	256
2	5.5	2，2-二甲基-5-己烯-3-醇	2.87	$C_8H_{16}O$	128
3	5.74	3-甲氧基丁醇	1.52	$C_5H_{12}O_2$	104
4	6.04	新己烯	1.09	C_6H_{12}	84
5	6.11	2-环戊烯酮	1.31	C_5H_6O	82
6	6.32	环戊基甲醛	0.6	$C_6H_{10}O$	98

（续表）

编号	保留时间 （min）	中文名称	相对含量 （%）	分子式	相对分子质量
7	9.17	3，3-双氧环戊烯	0.65	$C_{10}H_{14}O$	150
8	9.97	3-甲基-6-环己烯	1.63	$C_{10}H_{18}$	138
9	11.4	2，2，4，6，6-五甲基庚烷	0.5	$C_{12}H_{26}$	170
10	12.55	环丙烷	1.08	$C_{10}H_{18}$	138
11	12.75	3，4，4-三甲基-2-戊烯	1.02	C_8H_{16}	112
12	14.73	愈创木酚	0.64	$C_7H_8O_2$	124
13	17.52	5-羟甲基二氢呋喃-2-酮	0.54	$C_5H_8O_3$	116
14	17.62	乙二醇丁醚	0.97	$C_8H_{18}O_3$	162
15	20.12	反2-十一烯酸	0.91	$C_{11}H_{20}O_2$	184
16	25.45	2，4-二叔丁基苯酚	2.32	$C_{14}H_{22}O$	206
17	34.23	1，2-苯二甲酸丁酯辛酯	0.85	$C_{20}H_{30}O_4$	334
18	35.92	棕榈酸	2.97	$C_{16}H_{32}O_2$	256
19	35.98	邻苯二甲酸二丁酯	9.15	$C_{16}H_{22}O_4$	278
20	38.83	顺-13-二十碳烯酸	1.14	$C_{20}H_{38}O_2$	310
21	38.94	反式-13-十八碳烯酸	4	$C_{18}H_{34}O_2$	282

　　如图6-36和表6-20所示，对怀山药原浆风味物质进行分析，鉴定出21种主要成分，包括酯类2种（含量合计10.00%）有1，2-苯二甲酸丁酯辛酯、邻苯二甲酸二丁酯，醇类3种（含量合计13.08%）有三烯β醇、2，2-二甲基-5-己烯-3-醇、3-甲氧基丁醇，醛酮类3种（含量合计2.45%）有2-环戊烯酮、环戊基甲醛、5-羟甲基二氢呋喃-2-酮，酸类4种（含量合计18.61%）有棕榈酸、顺-13-二十碳烯酸等，酚类2种（含量合计2.96%）有2，4-二叔丁基苯酚、愈创木酚，醚类1种（含量0.97%）乙二醇丁醚，烷烃类6种（含量合计5.97%）有新己烯、3，3-双氧环戊烯等。其中主要成分为：邻苯二甲酸二丁酯（9.15%）、三烯β醇（8.69%）、棕榈酸（4.00%）等。怀山药原浆中酸类、醇类、烷烃类化合物的相对含量最高，种类也比较多，主要包括三烯β醇（8.69%）和棕榈酸（4.00%）等。酸类和酯类化合物的种类不多，但其相对含量较大，可能就是构成怀山药自身果香的物质。酚类化合物种类、相对含量都不高。此时的怀山药原浆具有淡淡的果香味。

怀山药酒精发酵液风味物质 GC-MS 分析检测：

　　通过计算机谱库 NIST8.0 检索及相关文献对怀山药酒精发酵液风味物质检测得到总离子流图如图6-37构成，分析后得到鉴定结果如表6-21所示。

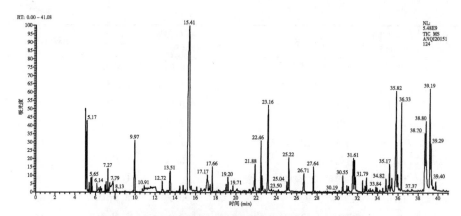

图 6-37　怀山药酒精发酵液挥发性成分总离子流图

表 6-21　怀山药酒精发酵液挥发性成分的 GC-MS 分析结果

编号	保留时间（min）	中文名称	相对含量（%）	分子式	相对分子质量
1	5.17	2,3-丁二醇	4.72	$C_4H_{10}O_2$	90
2	5.38	4-甲基-2-戊醇	0.22	$C_6H_{14}O$	102
3	5.56	乳酸乙酯	0.32	$C_5H_{10}O_3$	118
4	5.65	1-甲氧基-2-甲基-2-醇	0.52	$C_5H_{12}O_2$	104
5	6.14	3-乙氧基丙醇	0.2	$C_5H_{12}O_2$	104
6	6.4	异戊酸	0.33	$C_5H_{10}O_2$	102
7	6.65	2-甲基丁酸	0.2	$C_5H_{10}O_2$	102
8	7.09	乙酸异戊酯	0.27	$C_7H_{14}O_2$	130
9	9.97	甘油醛	0.4	$C_3H_6O_3$	90
10	11.02	乳酸	0.92	$C_3H_6O_3$	90
11	12.72	1,3-丙二醇二乙酸酯	3.21	$C_7H_{12}O_4$	160
12	14.79	己酸	0.22	$C_6H_{12}O_2$	116
13	15.41	苄醇	0.42	C_7H_8O	108
14	15.59	乙酸甘油酯	0.32	$C_5H_{10}O_4$	134
15	17.17	苯乙醇	28.09	$C_8H_{10}O$	122
16	17.45	2-羟基-4-甲基戊酸	0.29	$C_6H_{12}O_3$	154
17	17.66	辛酸	1.33	$C_8H_{16}O_2$	144
18	19.05	丁基卡必醇	0.35	$C_8H_{18}O_3$	162
19	19.2	辛酸乙酯	0.75	$C_{10}H_{20}O_2$	172
20	21.88	苯乙酸	0.37	$C_8H_8O_2$	136

（续表）

编号	保留时间（min）	中文名称	相对含量（%）	分子式	相对分子质量
21	22.46	乙酸苯乙酯	0.72	$C_{10}H_{12}O_2$	164
22	23.16	癸酸	1.71	$C_{10}H_{20}O_2$	172
23	25.04	2-甲基-4-乙酰基苯基酯	1.52	$C_{16}H_{14}O_3$	200
24	25.22	苯基乳酸	0.49	$C_9H_{10}O_3$	166
25	26.71	2，4-二叔丁基苯酚	1.45	$C_{14}H_{22}O$	206
26	27.64	月桂酸	1.1	$C_{12}H_{24}O_2$	200
27	30.94	月桂酸乙酯	1.04	$C_{14}H_{28}O_2$	228
28	31.1	油酸	1.07	$C_{18}H_{34}O_2$	282
29	31.61	尿酸	0.17	$C_5H_4N_4O_3$	168
30	31.71	吡咯并吡嗪-1，4-二酮	2.34	$C_7H_{10}N_2O_2$	154
31	31.79	色醇	1.26	$C_{10}H_{11}NO$	161
32	32.51	肉豆蔻酸	0.51	$C_{14}H_{28}O_2$	228
33	32.75	十四酸乙酯	0.41	$C_{16}H_{32}O_2$	256
34	35.17	正十五酸	0.26	C_9H_7NO	242
35	35.82	棕榈酸	6.03	$C_{16}H_{32}O_2$	256
36	36.33	9-十六碳烯酸乙酯	3.19	$C_{18}H_{36}O_2$	282
37	38.7	亚油酸	3.61	$C_{18}H_{32}O_2$	280
38	39.19	亚油酸乙酯	4.5	$C_{20}H_{36}O_2$	308
39	39.29	油酸乙酯	2.24	$C_{20}H_{38}O_2$	310
40	39.79	硬脂酸乙酯	0.37	$C_{20}H_{40}O_2$	312

　　如图6-37和表6-21所示，对怀山药酒精发酵液风味物质GC-MS分析，鉴定出40种主要成分，包括酯类13种（含量合计18.86%）有油酸乙酯、月桂酸乙酯、十六碳烯酸乙酯等，醇类8种（含量合计35.78%）有苯乙醇、2，3-丁二醇、色醇等，醛酮类2种（含量合计2.74%）有甘油醛、苯乙醛，酸类16种（含量合计18.61%）有棕榈酸、亚油酸、月桂酸等，酚类1种（1.45%）2，4-二叔丁基苯酚。其中主要成分为：苯乙醇（22.48%）、棕榈酸（6.43%）、2，3-丁二醇（4.72%）等。

　　怀山药酒精发酵结束后，醇类化合物的种类和相对含量与原怀山药原浆相比，有大幅的上升。主要包括苯乙醇（22.48%）、2，3-丁二醇（4.72%）、苄醇（0.42%）等，其中，苯乙醇具有玫瑰香、紫罗兰香、茉莉花香等多种风味，是怀山药酒精发酵液总风味物质含量最高的，是构成怀山药酒精发酵液特征风味的主要组分，苄醇具有芳香气味。醇类化合物是酵母菌利用怀山药原浆中的糖类化合物后产生的物质，是酒精发酵的产物。酯类化合物的相对含量虽然变化不大，但种类数量有所增加，其中有油酸乙酯（2.24%）、月桂酸乙酯（1.04%）、乙酸异戊酯（0.27%）等，乙酸异戊酯具有类似香蕉的气味。酒精发酵过程中，酵母菌活动形成了这些酯类。这些醇类和酯类化合物共同呈现了酒精发酵后怀山药酒精发酵液产生的果香、醇香味。

怀山药醋酸发酵液风味物质 GC-MS 分析检测：

通过计算机谱库 NIST8.0 检索及相关文献对经巴氏醋酸杆菌 B103 发酵后的怀山药醋酸发酵液风味物质检测得到总离子流图如图 6-38 所示，分析后得到鉴定结果如表 6-22 所示。

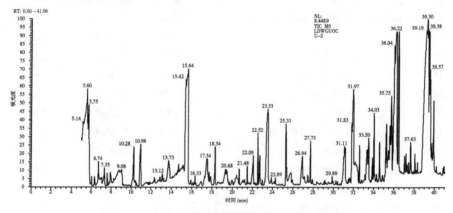

图 6-38　怀山药醋酸发酵液挥发性成分总离子流

表 6-22　怀山药醋酸发酵液挥发性成分的 GC-MS 分析结果

编号	保留时间（min）	中文名称	相对含量（%）	分子式	相对分子质量
1	5.60	3-甲基-2-丁醇	0.82	$C_5H_{12}O$	88
2	5.75	2,3-丁二醇	1.5	$C_4H_{10}O_2$	90
3	6.04	1-甲氧基-2-甲基-2-醇	0.14	$C_5H_{12}O_2$	104
4	6.74	3-甲基-4-庚醇	0.46	$C_8H_{18}O$	130
5	7.09	异戊酸	0.16	$C_5H_{10}O_2$	102
6	8.77	异丙醇	0.12	C_3H_8O	60
7	10.28	1,3-丙二醇二乙酸酯	0.91	$C_7H_{12}O_4$	160
8	10.98	3-甲硫基丙醇	1.7	$C_4H_{10}OS$	106

（续表）

编号	保留时间（min）	中文名称	相对含量（%）	分子式	相对分子质量
9	13.12	（R）-3-羟基-4,4-二甲基-二氢-2（3H）-呋喃酮	0.21	$C_6H_{10}O_3$	130
10	14.62	丙三醇	0.11	$C_3H_8O_3$	92
11	15.64	苯乙醇	8.09	$C_8H_{10}O$	122
12	15.92	2-羟基-4-甲基戊酸	0.13	$C_6H_{12}O_3$	154
13	17.54	丁二酸单乙酯	1.29	$C_6H_{10}O_4$	146
14	17.74	辛酸乙酯	0.11	$C_{10}H_{20}O_2$	172
15	17.90	2-哌嗪酮	0.22	C_5H_9NO	99
16	19.35	苯丙二酸	0.56	$C_9H_8O_4$	180
17	19.51	3,5-二羟基-3-甲基戊酸内酯	0.22	$C_6H_{10}O_3$	130
18	20.44	邻羟基苯甲酸	0.22	$C_7H_6O_3$	138
19	20.68	4-乙烯基-2-甲氧基酚	0.21	$C_9H_{10}O_2$	150
20	21.48	苯乙醛	0.28	C_8H_8O	120
21	22.09	癸酸	0.77	$C_{10}H_{20}O_2$	172
22	22.52	癸酸乙酯	0.72	$C_{12}H_{24}O_2$	200
23	25.31	2,4-二叔丁基苯酚	1.47	$C_{14}H_{22}O$	206
24	25.82	对羟基苯甲酸	0.65	$C_7H_6O_3$	138
25	26.94	月桂酸	0.93	$C_{12}H_{24}O_2$	200
26	27.13	香草酸	0.14	$C_8H_8O_4$	168
27	27.73	月桂酸乙酯	0.81	$C_{14}H_{28}O_2$	228
28	31.11	肉豆蔻酸	1.07	$C_{14}H_{28}O_2$	228
29	31.64	尿酸	0.17	$C_5H_4N_4O_3$	168
30	31.97	乙醇	3.63	C_2H_6O	46
31	32.59	十四酸乙酯	0.61	$C_{16}H_{32}O_2$	256
32	33.50	正十五酸	1.1	$C_{15}H_{30}O_2$	242
33	34.03	十五酸乙酯	1.38	$C_{17}H_{34}O_2$	270
34	34.87	3-吲哚乙酸	0.23	$C_{10}H_9NO_2$	175
35	35.61	棕榈油酸	1.04	$C_{16}H_{30}O_2$	254
36	35.75	乙酸乙酯	2.52	$C_4H_8O_2$	88
37	36.04	9-十六碳烯酸乙酯	3.45	$C_{18}H_{34}O_2$	282
38	36.22	乙酸	16.77	$C_2H_4O_2$	60
39	37.04	十七烷酸	0.28	$C_{17}H_{34}O_2$	270
40	39.19	亚油酸	6.21	$C_{18}H_{32}O_2$	280

编号	保留时间（min）	中文名称	相对含量（%）	分子式	相对分子质量
41	39.30	亚油酸乙酯	3.63	$C_{20}H_{36}O_2$	308
42	39.49	油酸乙酯	2.65	$C_{20}H_{38}O_2$	310
43	39.57	油酸	1.95	$C_{18}H_{34}O_2$	282
44	39.93	硬脂酸乙酯	1.4	$C_{20}H_{40}O_2$	312

如图 6-38 和表 6-22 所示，怀山药醋酸发酵液利用 GC-MS 联用技术对其进行分析，可以鉴定出 44 种主要成分，包括酯类 13 种（含量合计 19.7%）有乙酸乙酯、油酸乙酯、硬脂酸乙酯、丁二酸单乙酯、十六碳烯酸乙酯等，醇类 9 种（含量合计 17.02%）有苯乙醇、3-甲硫基丙醇、2，3-丁二醇等，醛酮类 3 种（含量合计 0.71%）有苯乙醛、2-哌嗪酮、4-二甲基-二氢-2-呋喃酮，酸类 17 种（含量合计 32.38%）有乙酸、亚油酸、肉豆蔻酸、月桂酸等，酚类 2 种（1.68%）有 2，4-二叔丁基苯酚、4-乙烯基-2-甲氧基苯酚。其中主要成分为：乙酸（16.77%）、苯乙醇（8.09%）、亚油酸（6.21%）、油酸乙酯（2.65%）、乙酸乙酯（2.52%）、2，3-丁二醇（1.5%）等。这些物质在形成怀山药醋酸发酵液风味成分中具有重要的作用。

经巴氏醋酸杆菌 B103 发酵后的怀山药醋酸发酵液的挥发成分有 44 种，相对含量大于 1% 的风味成分有 18 种，包括乙酸（16.77%）、苯乙醇（8.09%）、亚油酸（6.21%）、油酸乙酯（2.65%）、乙酸乙酯（2.52%）等，其中乙酸具有刺激的酸味，苯乙醇具有玫瑰香、紫罗兰香、茉莉花香等多种风味，乙酸乙酯具有水果香味，这些风味物质是构成经巴氏醋酸杆菌 B103 发酵后的怀山药醋酸发酵液特征风味的主要组分。还有少量风味成分包括月桂酸（0.93%）、苯乙醛（0.28%）、4-乙烯基-2-甲氧基苯酚（0.21%）、异丙醇（0.12%）、丙三醇（0.11%）等，其中月桂酸具有月桂油香味，苯乙醛具有浓郁的玉簪花香气，4-乙烯基-2-甲氧基苯酚具有强烈的丁香和发酵似香气，异丙醇有类似乙醇的气味，丙三醇具有甜味。这些风味物质是构成经巴氏醋酸杆菌 B103 发酵后的怀山药醋酸发酵液特征风味的重要组分。

第五节　山药酒

虽然我国对山药的研究已经有了几千年的历史，但基本都以研究其功能为主，食用方法都以蒸煮与清炒为主，用山药酿酒的研究少之又少，目前还处于初级的探索阶段。随着我们国家对用粮食酿酒和高度酒的生产限制以及对发酵型保健酒的鼓励，山药这种"药食同源"的食物开始慢慢进入人们的视线。目前，有据可循的对山药酒的研究主要是以山药为辅料加入到大米中生产米酒，山药只是起到了一种风味物质，其发酵工艺还是以米酒为主，对于适用于山药为主要原料的发酵工艺及其参数还处在实验室的研究阶段。此外，还有将山药清洗切片，以高浓度酒精浸泡的方式制作山药浸泡酒。

山药酒

目前山药酒的生产企业少，还没有形成相对较大的规模，在原料处理及生产工艺上的专业化程度低，基本都处于模仿葡萄酒生产工艺的阶段，因此很难酿造出高品质山药酒。林英男对山药发酵酿造山药酒的工艺条件进行研究，工艺流程如下：

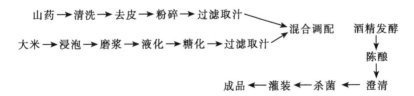

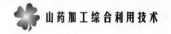

下面我们将其研究的山药酒发酵工艺条件的优化总结如下。

一、不同酵母菌接种量对发酵的影响

分别考察酵母菌接种量5%、7%、9%、11%、13%对山药酒发酵的影响。待发酵结束后，测定酒液中的各项理化指标，并取发酵上清液对酒质进行感官品评。结果见图6-39和表6-23。

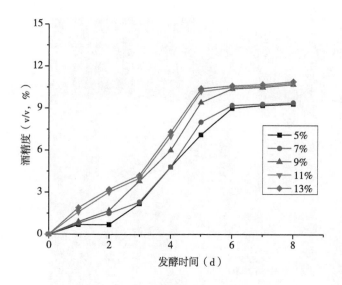

图6-39　不同酵母接种量对酒精度的影响

由图6-39可以看出，山药酒的酒精度随着发酵时间的增加而不断升高，这是因为酵母菌在厌氧环境中发酵还原糖生成乙醇。虽然酒精度的增加趋势大致相同，但因为酵母菌接种量不同，各接种量下乙醇的生成速率略有差异。当酵母接种量在5%、7%情况下时，山药酒中乙醇的生成速率相差不大，但较另外三组接种量相对较慢；当酵母接种量在9%时，乙醇的生成速率明显高于5%和7%，发酵周期也相对较短；当接种量在11%和13%时，乙醇的生成速率明显高于其他三组接种量，但这两组本身差别不大，发酵结束后这两组与接种量为9%时的酒精生成总量差别不大，发酵周期也相对较短。因此，可以得出结论：随着酵母菌接种量的增加，山药酒的酒精度数也随之增加，但是提高的幅度不大；酵母菌接种量的增加也有利于发酵周期的缩短。

表 6-23 不同酵母接种量对山药酒品质的综合影响

接种量 （%）	酒精度 （v/v,%）	总酸度 （g/L）	残酸量 （g/100mg）	综合感官评价
5	9.4	4.42	3.3	69分，山药酒呈金黄色，澄清透明，酒味略淡，无杂味
7	9.6	4.35	3.1	75分，山药酒呈金黄色，澄清透明，酒味不明显，香气浓
9	10.9	4.28	2.4	83分，山药酒呈金黄色，澄清透明，酒体丰满，香味突出
11	11.2	4.30	1.9	80分，山药酒呈金黄色，澄清透明，酒体丰满，香味突出，有苦涩味
13	11.3	4.21	1.8	76分，山药酒呈金黄色，澄清透明，酒体丰满，有苦涩味

由表 6-23 可以看出，不同酵母接种量发酵出的山药酒原酒的色泽都很饱满，澄清度也很高，但不同酵母接种量发酵出的原酒的口味丰满程度有差异，且香气和整体的口感也有较大不同，这些都是由于不同酵母接种量导致山药原酒中的酒精度、酸度、糖度以及其他香气物质（酚类、高级醇等）比例不同，影响了口感。当酵母菌接种量在 11% 和 13% 时，发酵出的原酒有苦涩味，有研究表明，原酒中酵母含量过高会导致此现象，而酵母接种量 5%、7% 时，原酒酒味不明显，香气不足，因此，酵母菌接种量为 9% 时效果最好。

二、不同发酵液初始 pH 值对发酵的影响

分别考察发酵液初始 pH 值为 2.9、3.2、3.5、3.8、4.1 对山药酒发酵的影响。待发酵结束后，测定酒液中的各项理化指标，并取发酵上清液对酒质进行感官品评。结果见图 6-40、表 6-24。

由图 6-40 可以看出，山药酒酒精度随着发酵的不断进行而不断升高，但各 pH 值下各组酒精度的生成速率各有差异。当发酵液初始 pH 值为 2.9 和 3.2 时，山药发酵液中的酒精生成速度明显低于其他组，最后的酒精生成总量也相对较低；当 pH 值为 3.5、3.8、4.1 时，酒精度的生成速率明显升高，且最后的酒精生成总量也偏高；当 pH 值为 3.5 时，山药酒的酒精度生成总量最高为 11.4%（v/v）。这是因为当在弱酸的环境时，酵母菌的生长速率会受到抑制，发酵还原糖生成酒精的速率也降低；当酵母菌处于微酸的环境时，酵母菌生长繁殖能力很强，过多的糖分被用于酵母菌的自身生长，从而使酒精的生成总量

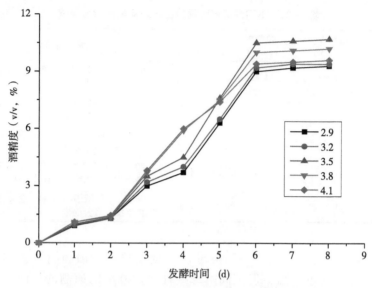

图6-40 不同发酵液初始 pH 值对酒精度的影响

略有下降。综上所述，当发酵液 pH 值在适当的范围内时，酵母菌才可以以较快的发酵速度发酵山药酒，并且酒精生成总量相对较高。

表6-24 不同发酵液初始 pH 值对山药酒品质的综合影响

接种量 （%）	酒精度 （v/v,%）	总酸度 （g/L）	残酸量 （g/100mg）	综合感官评价
2.9	9.4	5.35	2.5	61分，山药酒呈金黄色，澄清透明，酒味略淡，酸度过高，有涩味
3.2	9.9	5.19	1.7	67分，山药酒呈金黄色，澄清透明，酒味偏淡，香气适中，偏酸
3.5	11.3	4.41	1.8	79分，山药酒呈金黄色，澄清透明，酒体丰满，香味突出
3.8	10.7	4.19	1.6	80分，山药酒呈金黄色，澄清透明，酒体丰满，香味突出，甜酸比适中
4.1	10.5	4.37	1.5	67分，山药酒呈金黄色，澄清透明，酒体香气不持久，略酸

　　由表6-24可以看出，pH 值的高低不会影响山药酒的色泽和澄清度，但对山药酒的口感会有影响。若初始 pH 值较低，不但会影响酵母菌自身的生长繁殖，还会使山药酒整体偏酸，且带有苦涩感，令人不愉快；若初始 pH 值过

高，酵母菌生长繁殖速度快，还原糖消耗快，酒度不足，造成酒体口感不丰满，香气消散速度快；当初始 pH 值为 3.5 时，发酵出的山药酒酒精度最高，且香气突出，甜酸比适中，给人愉快的感受，综合评分也最高。因此，当发酵液初始 pH 值为 3.5 时效果最好。

三、不同 $(NH_4)_2SO_4$ 的添加量对发酵的影响

分别考察 $(NH_4)_2SO_4$ 的添加量 0、2、4、6、8mg/L 对山药酒发酵的影响。待发酵结束后，测定酒液中的各项理化指标，并取发酵上清液对酒质进行感官品评。结果见图 6-41、表 6-25。

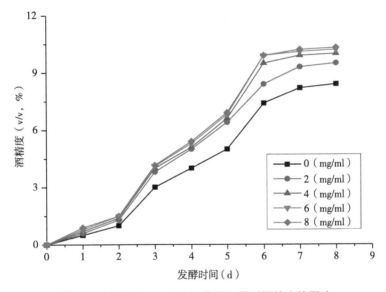

图 6-41　不同 $(NH_4)_2SO_4$ 的添加量对酒精度的影响

由图 6-41 可以看出，随着 $(NH_4)_2SO_4$ 的添加量不断升高，山药酒的酒精度也不断增加，不同添加量上升的整体趋势是大致相同的，但也存在差别。当 $(NH_4)_2SO_4$ 的添加量为 0mg/L 时，酵母菌对还原糖的利用率相对较低，山药酒的酒精度较其他组别略低；而添加了 $(NH_4)_2SO_4$ 的实验组别，山药酒的酒精生成总量差别不大。$(NH_4)_2SO_4$ 是对酵母菌生长繁殖有利的氮源，但是 $(NH_4)_2SO_4$ 的添加会影响山药酒的口味，添加量并不是越大越好，最适宜添加量还有待研究。

表6-25 不同（NH₄)₂SO₄的添加量对山药酒品质的综合影响

(NH₄)₂SO₄的添加量 (mg/L)	酒精度 (v/v,%)	总酸度 (g/L)	残酸量 (g/100mg)	综合感官评价
0	9.5	4.19	2.7	64分，山药酒呈金黄色，澄清透明，酒味略淡，口感不协调
2	9.8	4.27	2.1	77分，山药酒呈金黄色，澄清透明，酒味偏淡，香气较好
4	10.6	4.33	1.8	85分，山药酒呈金黄色，澄清透明，酒体丰满，果香突出，酒质爽口
6	10.7	4.25	1.7	76分，山药酒呈金黄色，澄清透明，酒体丰满，酒质爽口
8	10.7	4.27	1.8	69分，山药酒呈金黄色，澄清透明，香气适中，酒质口感一般

由表6-25可以看出，添加了（NH₄)₂SO₄的实验组别比未添加（NH₄)₂SO₄的组别口感普遍较好，这是由于添加了（NH₄)₂SO₄的实验组别里酵母菌有了充足的氮源，生长繁殖旺盛，对还原糖的发酵也比较彻底，但是如果（NH₄)₂SO₄的添加量过高，会使山药酒的口感受到影响，略有涩感。综合感官品评得分，（NH₄)₂SO₄的添加量为4mg/L效果最佳。

四、不同发酵温度对发酵的影响

分别考察发酵温度17、19、21、23、25℃对山药酒发酵的影响。待发酵结束后，测定酒液中的各项理化指标，并取发酵上清液对酒质进行感官品评。结果见图6-42、表6-26。

由图6-42可以看出，随着发酵时间的增加，山药酒的酒精度不断增加，但不同温度下酒精的生成速率有差异。当发酵温度为17℃时，山药酒发酵过程平稳，还原糖发酵彻底，酒精的生成总量也最高，但发酵周期也是最长的；当发酵温度为25℃时，酒精的生成速率和发酵周期最短，但是酒精度略低，这是因为温度过高，酵母生长繁殖迅速，发酵过程激烈，但是会影响香气物质的生成，也会导致发酵副产物的增多，而且温度过高会增加杂菌感染的几率。因此，应该综合选取发酵温度。

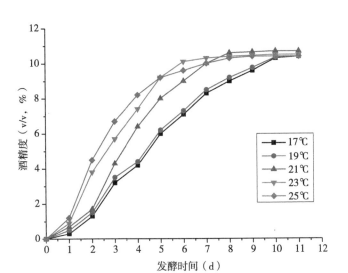

图 6-42　不同发酵温度对酒精度的影响

表 6-26　不同发酵温度对山药酒品质的综合影响

发酵温度 （℃）	酒精度 （v/v,%）	总酸度 （g/L）	残酸量 （g/100mg）	综合感官评价
17	11.3	4.17	1.4	75 分，山药酒呈金黄色，澄清透明，酒味浓，香气略淡
19	10.5	4.21	2.1	80 分，山药酒呈金黄色，澄清透明，酒味偏淡，香气较好
21	10.6	4.35	1.9	83 分，山药酒呈金黄色，澄清透明，酒味细腻，果香突出，酒质爽口
23	10.1	4.44	2.3	75 分，山药酒呈金黄色，澄清透明，香气不足，粗糙感强
25	9.8	4.47	2.5	66 分，山药酒呈金黄色，澄清透明，酒味略淡，香气不够，酒质粗糙

　　由表 6-26 可以看出，当温度较低时，山药酒的酒精度高，发酵彻底，香气成分充足，酒体丰；随着发酵温度的升高，山药酒的香气物质不足，口感也不再细腻，发酵速度快，残糖量增加，酸度升高，甜酸比不协调。因此，想要酿造出高品质山药酒，需要综合考虑发酵温度，从感官评价可以看出，发酵温度为 21℃时最佳。

五、山药酒发酵工艺正交试验

根据山药酒发酵单因素试验中 4 种因素对山药酒发酵的影响，以酵母接种量、发酵液初始 pH 值、$(NH_4)_2SO_4$ 的添加量、发酵温度为四个因素，分别以感官品评为试验指标，进行正交试验（表 6-27）。

表 6-27　山药酒发酵正交试验因素水平表

水平	因素			
	A. 酵母接种量（%）	B. 发酵液初始 pH 值	C. $(NH_4)_2SO_4$ 的添加量（mg/L）	D. 发酵温度（℃）
1	8	3.3	3	20
2	9	3.5	4	21
3	10	3.7	5	22

根据 $L_9(3^4)$ 正交试验表安排试验，正交试验结果见表 6-28。

表 6-28　铁棍山药护色正交试验结果

序号	A	B	C	D	感官品评得分
1	1	1	1	1	81
2	1	2	2	2	85
3	1	3	3	3	78
4	2	1	2	3	90
5	2	2	3	1	87
6	2	3	1	2	91
7	3	1	3	2	74
8	3	2	1	3	82
9	3	3	2	1	87
K_1	245.00	245.00	254.00	257.00	
K_2	270.00	256.00	262.00	250.00	
K_3	243.00	257.00	242.00	251.00	
k_1	81.67	81.67	84.67	85.67	
k_2	90.00	85.33	87.33	83.33	
k_3	81.00	85.67	80.67	83.67	
R	9.000	4.000	6.666	2.334	

由表6-28可以看出，各因素对山药酒发酵的影响程度为：A>C>B>D，即酵母接种量>（NH_4）$_2SO_4$的添加量>发酵液初始pH值>发酵温度；山药酒发酵的最佳组合为 $A_2B_3C_2D_1$，即酵母接种量9%，发酵液初始pH值3.7，（NH_4）$_2SO_4$的添加量4mg/L，发酵温度20℃。

六、最佳发酵条件的验证实验结果及分析

正交试验得出的最佳发酵条件下发酵山药酒，进行三次重复试验，结果如表6-29。

表6-29 最佳发酵条件的验证实验结果

实验组别	酒精度（v/v,%）	总酸量（g/L）	残糖量（g/100ml）	综合感官评价
1	11.0	4.31	1.7	89分，山药酒呈金黄色，酒体澄清透明，香气醇厚，甜酸协调，口感细腻，酒香持久
2	11.2	4.35	1.6	91分，山药酒呈金黄色，酒体澄清透明，酒香浓郁，香气纯正，甜酸协调，口感细腻，典型性强
3	10.9	4.34	1.7	91分，山药酒呈金黄色，酒体澄清透明，香气浓郁，甜酸协调，口感细腻

由表6-29可以看出，正交试验得出的山药酒最佳发酵条件是正确的，发酵出的山药酒综合感官品评在90分左右，山药酒呈金黄色，酒体澄清透明，酒香浓郁，香气纯正，甜酸协调，口感细腻，典型性强。可为进一步研究山药酒产品打下坚实的实验基础。

以山药发酵液为原料发酵制备山药酒的最佳工艺条件。首先，以发酵过程中酒精度的变化为参考，以发酵的山药酒的感光品评得分为指标，利用单因素试验对酵母菌接种量、初始pH值、（NH_4）$_2SO_4$的添加量以及发酵温度四个影响山药酒品质的因素进行研究。研究发现，当酵母菌接种量9%、发酵初始pH值3.5、（NH_4）$_2SO_4$的添加量4mg/L、发酵温度21℃时，发酵出的山药原酒感官品评得分最高。其次，在单因素试验的基础上，以酵母菌接种量、发酵初始pH值、（NH_4）$_2SO_4$的添加量、发酵温度为因素设计了四因素三水平正交试验，正交试验结果表明，各因素对山药酒发酵的影响程度为酵母接种量>（NH_4）$_2SO_4$的添加量>发酵液初始pH值>发酵温度，山药酒的最佳发酵工艺为酵母接种量9%，发酵液初始pH值3.7，（NH_4）$_2SO_4$的添加量4mg/L，发酵温

度 20℃。最后，在最佳工艺条件下进行了三组验证实验，验证实验表明最佳山药酒发酵条件是正确的，发酵出的山药酒综合感官品评在 90 分左右，山药酒呈金黄色，酒体澄清透明，酒香浓郁，香气纯正，甜酸协调，口感细腻，典型性强，可为进一步研究山药酒产品打下坚实的实验基础。

发酵酒在其加工、装瓶、储存和销售的过程中，由于各方面因素的原因，非常容易出现浑浊、失光、腐败、沉淀等一系列问题，这严重影响发酵酒的感官、品质和销售，这成为了困扰生产厂家的一大难题，也严重制约了发酵酒的发展。在发酵型山药酒的研究过程中，影响山药酒品质的因素有许多，如原料的挑选、原料的护色、复合酶法较低黏液质黏度以及发酵工艺等，因此山药酒的澄清和稳定性不能靠单一澄清剂来保证，因为不同的澄清剂所针对的澄清问题是不同的。目前普遍使用的澄清剂有明胶、硅藻土、壳聚糖、大分子蛋白（蛋清）等，这些澄清剂中，有些会产生协同作用，有些会产生拮抗作用，因此，在单一澄清剂效果的基础上探索复合澄清剂的配比，从而使这些澄清剂结合并发挥最澄清效果，提高发酵酒酒体的稳定性，使山药酒获得更佳的风味、口感以及更长的贮藏时间。其研究结果如下。

七、山药酒的澄清技术

分别测定质量分数为 2% 的壳聚糖溶液添加量为 0.05%、0.10%、0.15%、0.20%、0.25%、0.30%、0.35% 时山药酒的透光率，结果见图 6-43。

壳聚糖是一种天然的阳离子型澄清剂，具有良好的凝絮效果，并且壳聚糖是一种甲壳素的产物，其生物稳定性、适应性和安全性都十分高。由图 6-43 可以看出，随着壳聚糖添加量的逐渐增加，山药酒的透光率也随之上升，当壳聚糖添加量达到 4g/L 时，透光率达到最大，这是由于在充分搅拌的条件下，山药酒中的悬浮颗粒物由于正负电荷之间相互作用力，吸附在具有线性分子结构的壳聚糖分子上，从而使小颗粒凝聚成大颗粒，进而沉淀下来，达到澄清的效果；而当壳聚糖添加量大于 0.5g/L 时，山药酒的透光率开始下降，这是由于壳聚糖虽然是一种澄清剂，但其本身具有较强的黏性，会经常用于食品行业的增稠，当壳聚糖添加量过高时，反而会影响澄清效果。综上所述，当壳聚糖添加量为 0.20% 时，对山药酒的澄清效果最好。

八、皂土澄清效果

分别测定质量分数为 2% 的皂土添加量为 0.10%、0.15%、0.20%、0.25%、0.30%、0.35% 时山药酒的透光率，结果见图 6-44。

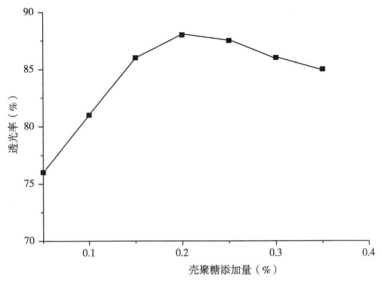

图 6-43　壳聚糖添加量对澄清效果的影响

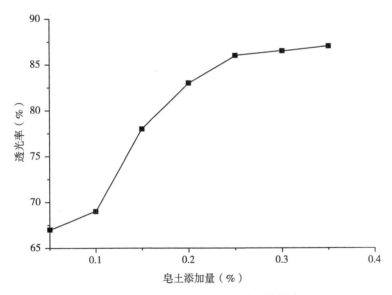

图 6-44　皂土添加量对澄清效果的影响

皂土化学式为 $Al_4Si_8O_{20}(OH)_4 \cdot 12H_2O$，目前作为澄清剂在葡萄酒的澄清中被普遍使用。由图 6-6 可以看出随着皂土添加量的提高，山药酒的透光

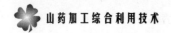

率也逐渐升高，当添加量达到 0.25% 之后，透光率趋于稳定。这是由于皂土的吸附能力很强，山药酒中带正电荷的浑浊物遇到带负电荷的皂土细粒，相互吸引生成絮状沉淀，从而达到澄清的作用，但如果皂土添加过量，会使山药酒酒体淡薄，因此，当皂土添加量为 0.25% 时，对山药酒的澄清效果最好。

九、明胶澄清效果

分别测定质量分数为 1% 的明胶添加量为 0.1%、0.2%、0.3%、0.4%、0.5%、0.6% 时山药酒的透光率，结果见图 6-45。

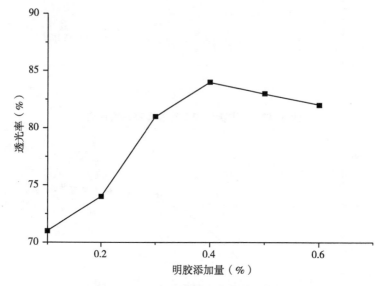

图 6-45　明胶添加量对澄清效果的影响

明胶作为澄清剂使用比较普遍且对单宁含量高的果酒类型的澄清效果更佳，明胶可以降低发酵酒由于单宁含量过高而产生的苦涩味，与此同时，发酵酒中的色素、风味物质和营养物质可以达到最大限度的保留。由图 6-45 可以看出，随着明胶添加量的增加，山药酒的透光率也随着升高，当明胶添加量达到 0.4% 时，山药酒的透光率达到最高值，这是由于山药酒中悬浮微粒所带的负电荷与明胶所带的正电荷相互吸引，下沉，从而起到澄清的作用；当明胶添加量超过 0.4% 时，山药酒的透光率又开始下降，这是由于明胶虽然是一种稳定性好的酒类澄清剂，但其澄清效果对温度与添加量都有严格要求，如果添加量过高会导致澄清度降低，沉淀物结构松散，澄清速度慢，并且明胶具有吸附能力，如果添加量过大会使发酵酒的色泽降低，影响感官。综上所述，当明胶添加量为 0.4%时，对山药酒的澄清效果最好。

十、硅藻土澄清效果

分别测定硅藻土添加量为 0.2%、0.4%、0.6%、0.8%、1.0%、1.2%时山药酒的透光率，结果见图 6-46。

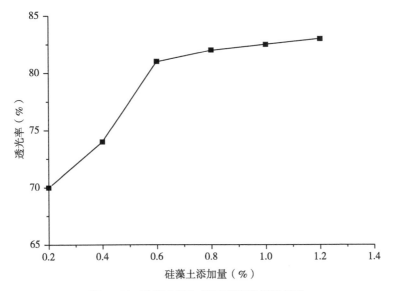

图 6-46　硅藻土添加量对澄清效果的影响

硅藻土是一种多孔混合物，其主要成分有二氧化硅、三氧化二铝、氧化钙及氧化镁等，由图 6-46 可以看出，随着硅藻土添加量的增加，山药酒的透光率随之增加，当硅藻土添加量到达 0.8%后，透光率增加不明显。这是由于硅藻土可以吸附悬浮物，并且硅藻土中的钙镁等一些金属离子与山药酒中的果胶酸相互作用，可以加速沉淀，从而达到澄清的作用，硅藻土与明胶相似，如果添加过量会导致发酵酒色泽度降低，因此，当硅藻土添加量为 0.8%时，对山药酒的澄清效果最好。

十一、蛋清澄清效果

分别测定蛋清液添加量为 1.0%、1.5%、2.0%、2.5%、3.0%、3.5%时山药酒的透光率，结果见图 6-47。

由图 6-47 可以看出，山药酒的透光率随着蛋清液添加量的增加而不断提

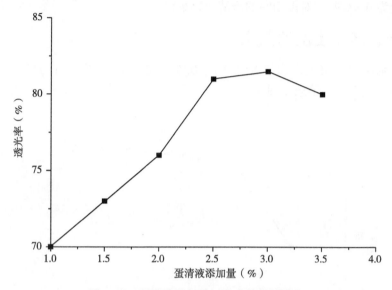

图6-47 蛋清液添加量对澄清效果的影响

高，当蛋清液添加量为2.5%时，透光率达到最大值并趋于平稳；当蛋清液添加量大于3.0%时，山药酒的透光率又开始下降。这是由于蛋清具有凝絮力强的特点，且沉淀物结构紧密，澄清效果好，发酵酒的色泽、香气、味道可以最大程度的保留，但如果蛋清液添加过量，发酵酒中絮状沉淀在后期下降缓慢，不易沉淀，影响澄清时间。综上所述，当蛋清液添加量为2.5%时，对山药酒的澄清效果最好。

十二、复合澄清剂的澄清效果

由单一澄清剂实验结果可见，各个澄清度对山药酒的澄清都有效果，以单一澄清剂实验效果为基础，研究复合澄清剂对山药酒的澄清效果，结果见表6-30。

表6-30 复合澄清剂的澄清效果

编号	澄清剂组合	添加量	透光率	色泽	可溶性固形物
1	壳聚糖—皂土—明胶	0.20%-0.25%-0.40%	92.5%	金黄	5.2%
2	壳聚糖—皂土—硅藻土	0.20%-0.25%-0.80%	95.3%	金黄	4.9%
3	壳聚糖—皂土—蛋清	0.20%-0.25%-2.5%	93.1%	金黄	5.5%
4	壳聚糖—明胶—硅藻土	0.20%-0.40%-0.8%	95.0%	金黄	5.0%

（续表）

编号	澄清剂组合	添加量	透光率	色泽	可溶性固形物
5	壳聚糖—明胶—蛋清	0.20%-0.40%-2.5%	94.3%	金黄	5.6%
6	皂土—明胶—硅藻土	0.25%-0.40%-0.8%	94.8%	金黄	5.7%
7	皂土—明胶—蛋清	0.25%-0.40%-2.5%	90.5%	金黄	6.7%
8	皂土—硅藻土—蛋清	0.25%-0.8%-2.5%	92.7%	金黄	6.3%
9	明胶—硅藻土—蛋清	0.40%-0.8%-2.5%	91.2%	金黄	6.5%

　　由表6-30可以看出，复合澄清剂的澄清效果明显要好于单一澄清剂的澄清效果，三种澄清剂复合使用有明显的互补和协同效果，澄清效果明显。澄清效果最好的组合是壳聚糖—皂土—硅藻土组合，透光率可以达到95.3%，这是因为三者澄清对象不同，皂土和硅藻土可以凝絮壳聚糖澄清不到的悬浮物，同时还可以加速壳聚糖的沉淀。并且，皂土和硅藻土都属于大分子物质，分子量大，性质稳定安全，不会因为添加过量而产生二次浑浊的现象。在色泽方面可以看出，山药酒在使用同时含有硅藻土、明胶澄清剂的组合澄清后，色泽与其他澄清组合相比略淡，这是因为硅藻土和明胶都有降低色泽的效果。

表6-31　壳聚糖—皂土—硅藻土复合澄清剂处理后山药酒的各项指标

实验组别	酒精度（v/v,%）	总酸量（g/L）	残糖量（g/100ml）
1	11.1	4.35	1.5
2	11.0	4.37	1.4
3	11.1	4.34	1.5

　　由表6-31可以看出，经过壳聚糖—皂土—硅藻土复合澄清剂澄清后的山药酒，酒体中酒精度、总酸量变化不大，残糖量稍有降低。经过壳聚糖—皂土—硅藻土复合澄清剂澄清后的山药酒，酒体呈金黄色、澄清透明、香气浓郁、口感细腻、酸涩适宜、风味协调、风格典型。

　　对山药酒澄清工艺的研究发现：

　　研究了用壳聚糖、皂土、明胶、硅藻土、蛋清五种澄清剂对山药酒进行澄清处理，实验结果表明：使用单一澄清剂对山药酒进行澄清处理，最佳用量分别为：壳聚糖0.20%、皂土0.25%、明胶0.40%、硅藻土0.8%、蛋清2.5%。复合澄清剂效果最好的组合为壳聚糖—皂土—硅藻土组合，经过澄清的山药酒透光率可以达到95.3%。复合澄清剂对山药酒酒体的酒精度、总酸量、残糖量不会造成过多的改变，经过复合澄清剂澄清的山药酒在酒体色泽、口感、各理化指标都很适宜。

经过复合澄清剂处理后，制备出了合格的发酵型山药酒。山药酒酒体呈金黄色、澄清透明、香气浓郁、口感细腻、酸涩适宜、风味协调、风格典型。酒精度为11.1°，总酸量4.35g/L，残糖量1.5g/100ml。卫生指标为：总 $SO_2 \leqslant 150mg/L$，细菌菌落总数 $\leqslant 30$ 个/ml，大肠杆菌菌群 $\leqslant 2$ 个/100ml，致病菌未检出。

第六节　山药乳酸菌发酵饮料

山药发酵饮料在国内的研究开发上，大部分都集中在混合型山药发酵饮料、山药酸奶、保健醋及保健酒的应用上。蔡俊等做出了新型的山药醋饮料；王若兰等研制了一种山药山枸杞复合饮料；王丽娟等研制出了一种新型的山药复合饮料。邢建华等研制出发酵型山药黑豆饮料。李魁等进行了山药板栗保健稠酒的研究。赵贵红研究出发酵型山药米酒饮料；万新等利用山药、全脂奶粉、固态菌种研制出乳酸菌怀山药乳。国外对山药的研究主要集中在有效成分上，而发酵饮料的相关文献较少。有些学者用甲醇对日本薯蓣进行提取，得到了具有抗突变的活性物质。在不同的研究系统中，有一定的清除自由基的能力及抗氧化能力的物质是通过新鲜山药的黏液提取分离和纯化的产物。

山药乳酸菌饮料

袁金祥以山药为原料，研制、研发出具有山药特色风味的发酵饮料，最大限度的保存山药中的营养物质，充分发挥山药的营养功效，所以山药乳酸发酵饮料的开发和研制具有十分重要的意义。其研究工艺如下：

新鲜山药──→清洗、去皮切片──→护色──→打浆──→糊化──→糖化──→发酵──→调配──→稳定性工艺──→成品

研究发现山药护色试验的最佳条件为：用0.2%的柠檬酸溶液浸泡2h，最后测得的吸光度值为0.016。山药糖化试验的最优工艺为：糖化酶添加量为0.2%、料液比为1∶3.5、pH值为4、温度60℃、作用3h。在此条件下测得还原糖含量为5.39%。山药发酵饮料的发酵菌种配比为保加利亚乳杆菌接种量：乳酸乳球苗∶嗜热链球菌为1∶1.8∶1.8。山药发酵饮料最优的发酵工艺为：接种量为5%、温度为39℃、发酵的时间为14h在此发酵工艺条件下，测得酸度为93°T。山药发酵饮料配方的最优的工艺为：蜂蜜为3%，白砂糖为0.2%，柠檬酸为0.35%，此时感官评分为96分，口感最好。

第七节　山药双歧酸奶

近些年，益生乳酸菌在我国食品行业中得到广泛应用，其中80%应用于发酵乳制品。据统计，我国发酵乳制品（主要是酸奶和发酵乳饮料）的年销量以25%的速度快速递增，而且在今后相当长的时间内仍然会保持这一增长趋势，特别是益生乳酸菌发酵乳制品将会成为发酵乳制品的主导产品和我国行业结构调整的重要发展方向及趋势。但是，目前国内益生乳酸菌发酵乳制品采用菌种和发酵剂几乎完全被国外企业所垄断，如伊利公司采用芬兰维里奥公司开发的鼠李糖乳杆菌LGG菌株、蒙牛乳业则用丹麦科汉森公司的双歧杆菌BB12菌株，而真正具有自主知识产权的、适合中国人群生理特性的益生乳酸菌产品几乎为零。2004年，Chiang MengTsan等人以32只雄性Sprague-Dawley大白鼠为试验动物，分为4组，分别为控制组、优酪乳组、山药优酪乳组及山药组，试验共进行四周，试验期间采用自由饮水、摄食。结果发现，大白鼠摄食优酪乳与山药优酪乳后会降低体重及脂肪组织重量，并增加大、小肠长度；值得注意的是，优酪乳、山药优酪乳及山药皆会明显增加粪便总厌氧菌及双歧杆菌数量，降低葡萄糖醛酸酶活性，且山药优酪乳亦会明显降低血浆转氨酶并增加IgA及IgG浓度。综合以上结果显示，山药优酪乳可能具有调节肠道生理的作用。

山药双歧酸奶

李丽微从天然发酵食品、微生态制剂及保健品中自行分离选育出的 11 株新型益生乳酸菌为实验菌株进行山药乳发酵，筛选出适合发酵山药酸奶的生长繁殖力强、发酵活力高和口感风味菌株 2 株；对山药乳发酵培养基进行优化调配；探究益生乳酸菌混菌发酵山药乳的工艺条件；对山药酸奶发酵产品进行质量分析与评价；探究山药酸奶发酵产品的贮藏稳定性。

山药双歧酸奶工艺流程如下：

山药 ⟶ 清洗、去皮 ⟶ 护色 ⟶ 熟化 ⟶ 搅拌打浆 ⟶ 调配 ⟶ 均质

⟶ 定量装瓶 ⟶ 灭菌 ⟶ 发酵 ⟶ 后酵 ⟶ 成品

双歧杆菌 ⟶ 驯化 ⟶ 扩培 ⎤
⎬ 混合
乳酸菌 ⟶ 驯化 ⟶ 扩培 ⎦

本试验的成品酸奶以《食品安全国家标准　发酵乳》为具体参照，对山药酸奶发酵产品的感官指标、理化指标、卫生指标及乳酸菌活菌含量等方面进行了初步的质量分析与评价，结果表明：由益生乳酸菌干酪乳杆菌 05-20 和植物乳杆菌 FS-4，辅以传统酸奶菌嗜热链球菌 St-LDY 和保加利亚乳杆菌 Lb-DR 发酵的山药酸奶，色泽均匀一致，呈乳白色，具有浓郁的发酵香气，酸甜适口，无异杂味，凝乳坚实，无乳清析出和分层现象，口感及组织光滑细腻；脂肪含量为 2.72g/100g，蛋白质含量为 3.27g/100g，酸度为 77.37°T；砷、铅、黄曲霉毒素 M1、大肠菌群、金黄色葡萄球菌、沙门氏菌、酵母菌和霉菌

等均未在该山药酸奶发酵产品中检出；酸菌活菌数 $1.82×10^9$ cfu/ml。该山药酸奶发酵产品完全符合我国对发酵乳质量标准的规定，各项检测指标均可判定为合格。

通过对山药酸奶发酵产品在4℃冷藏28天内 pH 值、滴定酸度、乳酸菌活菌数和感官特性变化的研究，确定了山药酸奶在4℃下的货架期为24天。在4℃下贮藏24天时，山药酸奶的各项质量指标分别为：pH 值为 4.36，滴定酸度为 85.49°T，活菌数为 $9.03×10^9$ cfu/ml，感官品评得分为 4.48 分，山药酸奶呈乳白色，凝乳坚实，无乳清析出，黏稠度适中，口感及组织光滑细腻，酸甜适口，发酵香气浓郁。

第八节　山药花生露

花生（*Arachis hypogeal* L.）作为世界油料作物的主要品种之一，大量种植于亚热带、热带国家。花生蛋白是一种品质优异的植物蛋白，开发潜力是非常大的。花生蛋白的主要成分是由花生球蛋白、伴花生球蛋白Ⅰ和伴花生球蛋白Ⅱ组成的，其含量占总蛋白的 75% 左右。目前花生蛋白作为常使用的食品基料，对吸油、乳化、吸水保水、胶凝等诸多性能方面有着重要的功能作用。近些年广大群众越来越追求健康的饮食，尤其是对植物性食品的青睐程度更加深入，特别是植物蛋白类的食品。因此，市场上出现了一些花生饮料、花生牛

山药花生露

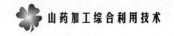

奶等花生产品，这些产品的出现创造了一定的市场前景同时带来了相当可观的经济效益，由此可以看出花生的营养价值特别是花生蛋白的应用在市场是有相当大的发展潜力。

杨李利用山药和花生的自然资源，针对市场上山药饮料的品种较少的情况，研制满足消费者需求的山药花生露。同时，增加了山药和花生的附加值，山药花生露不仅满足了人们对健康营养的追求，也将会受到消费者的普遍欢迎，进而有广阔的市场前景。山药花生露的制作流程如下：

花生 ⟶ 烘烤 ⟶ 脱皮、浸泡

原料 ⟶ 清洗 ⟶ 护色 ⟶ 打浆 ⟶ 糊化 ⟶ 酶解 ⟶ 灭酶 ⟶ 调配 ⟶ 均质 ⟶ 装罐 ⟶ 排气 ⟶ 灭菌 ⟶ 冷却 ⟶ 成品

研究发现：

（1）护色工艺的最佳的护色剂组合为 维生素 C 浓度为 0.3%、柠檬酸浓度为 0.4%，氯化钙浓度为 0.7%，PPO 活性吸光值 0.129。

（2）进行原料处理时，花生仁烘烤温度为 120℃，时间为 20min，在烘烤时，要经常翻动。用 0.3% NaHCO$_3$ 溶液在 45℃下浸泡 12~14h，花生与浸泡水的比例 1:3（m/v）。控制 pH 值在 7.5~9.5。

（3）将护色好的山药块和脱皮浸泡好的花生按质量比为 5:1，且与水比例为 1:20（m/v）加入豆浆机中打浆。

（4）山药淀粉的糊化温度为 81.4℃，糊化 10min。确定酶解工艺的最佳的酶作用温度 55℃、酶作用 pH 值 8.0、酶作用时间 15min、酶的添加量 0.10mg/ml，可溶性固形物得率为 29.723%。

（5）将酶处理后的山药花生浆液加热至沸腾后 10min，对浆液进行灭酶处理。

（6）复配乳化剂的最适添加量为为：吐温 40 添加量为 0.05%，三聚甘油脂肪酸酯添加量为 0.05%，单甘酯添加量为 0.07%，稳定系数 R 为 0.801。

（7）稳定剂的最适添加量是：CMC 添加量为 0.06%，海藻酸钠添加量为 0.04%，卡拉胶的添加量为 0.08%，离心沉淀率为 2.412%。

（8）保证均质压力 50MPa，均质温度为 65℃，并采用二次均质，作为最佳的均质工艺条件。

（9）最佳的蔗糖添加量为 6% 作为花生山药饮料的最适蔗糖添加量。

（10）最后确定在 121℃，15min 条件下灭菌对山药花生露的感官指标无显著影响，得到的理化及微生物指标符合国家规定饮料标准。

第九节　山药核桃露

核桃性甘，有补肾温肺，润肠通便，补虚强体，防癌健脑，降低胆固醇等功效。而山药与核桃功效有很多相似之处，为丰富山药和核桃的自然资源利用，填补山药核桃复合饮品的市场空白，最大化地体现山药与核桃的保健作用，所以进行开发新型的山药核桃复合饮品，不仅可以增加山药和核桃的产后附加值，也能够满足人们对保健养生的追求，同时也会有广阔的市场前景。张亚超对山药核桃露生产工艺进行了研究，同时对其质量进行了评价。通过研究山药的护色、乳化等问题，优化了山药核桃露生产工艺流程，确定了产品配方，质量评价结果符合国家及地方标准及相关规定，具体研究结果如下：

山药核桃露

工艺流程：

核桃仁 ⟶ 破碎 ⟶ 萃取脱脂 ⟶ 浸泡打浆
　　　　　　　　　　　　　　　　　　↓
原料 ⟶ 清洗 ⟶ 护色 ⟶ 打浆 ⟶ 糊化 ⟶ 酶解 ⟶ 灭酶 ⟶ 调配 ⟶ 均质 ⟶ 灭菌 ⟶ 冷却 ⟶ 成品

研究发现：

（1）护色剂最适组合：NaCl 浓度为 1.2%、柠檬酸浓度为 0.9%、维生素 C 浓度为 0.6%，PPO 活性吸光值为 0.78。

（2）核桃仁处理方法：使用旋转式热风烘箱，120℃烘烤20min，破碎至20~30目。采用超临界CO_2流体萃取技术对核桃仁进行萃取脱脂，萃取压力30MPa、萃取温度45℃、CO_2流20L/h、萃取时间120min，脱脂后原料含油量为5%以下。

（3）将护色好的山药原料加水打浆，料水比为1∶4（g/ml）；经烘烤→脱脂→浸泡好的核桃原料加水打浆，料水比为1∶4（g/ml）。

（4）复合乳化稳定剂的添加量：分子蒸馏单甘脂添加量为0.28%，蔗糖脂肪酸酯添加量为0.18%，黄原胶添加量为0.18%，海藻酸钠添加量为1.8%。复合乳化稳定剂HLB值为7.83，离心沉淀率为1.49%。

（5）糊化温度82℃，时间保持10min。均质温度为55℃，均质压力为25~20MPa。

（6）山药核桃露的配方：山药核桃汁添加量为72%，复合添加剂添加量为2.2%，白砂糖添加量为7%，其余为纯净水。

（7）超高温瞬时杀菌（UHT）法的使用，137℃，5s，经热交换器2min内降到25℃。此方法对产品的感官指标几乎无影响，完全符合国家规定的饮料标准。

（8）质量评价结果：检测本产品的可溶性固形物含量为10.75%，蛋白质含量为3.36%，碳水化合物含量为10.38%，脂肪0.83%，以上指标均符合植物蛋白饮料国家标准及地方标准。

第十节　山药果脯

山药是一种高糖类、高蛋白质而又低脂肪的健康食品，并且富含人体所需的矿物质与维生素。除此以外，还含有甘露聚糖（mannan）、3，4-二羟基苯乙胺、植酸（phytic acid）、尿囊素（allantion）、胆碱（choline）、多巴胺（dopamine）、山药碱（batatasine）以及10余种氨基酸、糖蛋白、多酸氧化酶等。山药原产于我国及印度、缅甸一带，在朝鲜、日本等国亦有分布。山药不但药用量大，而且营养丰富，食药两用，是食品工业的重要原料。近年来，山药的生产发展很快，产量大幅度增加，销售呈逐年增长趋势。通过多次渗糖的方式加工低糖山药果脯不仅可以最大程度地保留山药中的营养成分，而且可以避免高糖带来的副作用，并有营养保健功能，另外也可以为山药进行深加工提供新的渠道。根据我国人民膳食结构中蛋白质偏低的现状和国情，低糖山药果脯必定有着广阔的发展前景。

山药果脯

工艺流程：

NaHSO₃与CaCl₂

选料 → 清洗 → 去皮 → 护色、硬化 → 漂洗 → 烫漂 → 漂洗 →
渗糖 → 沥糖 → 烘制 → 包装 → 成品

卡拉胶、柠檬酸

操作要点：

（1）选料。选条形、直顺、大小均匀、粗细一致、无腐烂、无霉变斑点的新鲜山药块茎为原料，后将原料表面根毛烤净。

（2）清洗。将山药用清水刷洗去污泥（用流动水，避免重复污染）。

（3）去皮。用不锈钢刀片刮去外表皮，挖净斑眼，顺着纤维长势切成5cm×2cm×(3~5)mm 的条状，尽量均匀一致。

（4）护色、硬化。将切好的山药条迅速放入 0.3% 的 NaHSO₃和一定浓度的 CaCl₂溶液中处理 30~60min 进行护色、硬化，山药与护色液的比例为 1：(2~3)，一定要浸没原料，防止产生红褐色的氧化现象，同时也有保脆作用，还可以增强其耐煮性。

（5）漂洗、烫漂、漂洗。又称为预煮，山药条捞起后用清水漂去山药条上的药液和胶体，后加到沸水中烫漂 10min 左右后捞起，再放入清水中漂洗干净，以便除去黏液。

（6）渗糖。先配制浓度为 20% 的糖液，并加入 0.3% 的柠檬酸，再加入一定量的卡拉胶煮沸，再倒入山药条文火煮沸 10min 左右，后放入糖液中浸渍 10~20h，再如前法分别浓缩至 35% 和 46% 的糖液连续 2 次煮制、浸渍。

（7）沥糖。将浸渍好的山药条捞起，沥净余糖液，后用 90℃ 左右的热水迅速漂去山药脯表面残留的糖。

（8）烘制。用 60~65℃ 的温度烘烤 8~10h 至山药表面不粘手，含水量为 20% 左右时取出。

（9）包装、成品。等产品冷却后，剔除一些不合格的产品包装即为成品。

产品质量指标：

（1）感官指标。

色泽无色透明、有光泽、无"流糖""返砂"现象；形态组织饱满、质地有韧性、无杂质、无碎屑、表面不干不黏；滋味具有山药的清香气味、酸甜适口、无异味。

（2）理化指标。

水分 18%~20%；总糖度≤50%。

（3）卫生指标。

细菌总数≤750 个/100g；大肠菌群≤30 个/100g；致病菌不得检出。

（4）果脯加工过程中出现问题的原因分析及防止办法。

①发生褐变。原料发生酶褐变或非酶褐变或原料本身色素物质受破坏褪色，原料中的成分在氧化酶的作用下与空气中的氧气发生作用、糖煮的时间长、温度过高等原因引起。防止办法主要是在原料去皮后立即进行护色，减少与氧气的接触；缩短糖煮时间。

②返砂、流糖现象。造成果脯制品"返砂"或"流糖"的主要原因是转化糖占总糖的比例不当。转化糖不足则易出现"返砂"，转化糖过量易发生"流糖"。这就需要严格掌握糖煮条件，即糖煮时间、糖液的 pH 值和蔗糖的转化，控制转化糖和蔗糖的比例。

（5）实验方法（工艺）对成品的影响。

①采用多次煮制法。由于每次煮制的时间短，果实不易软烂，色香味和营养成分等的损失也少，并且随着糖浓度的逐步提高和冷浸期间果实内部水气压的逐渐下降，糖分能顺利扩散和渗透，果实也不至于出现严重的干缩现象。

②添加 0.2%~0.4% 的柠檬酸使溶液的 pH 值降至 3 左右，既可降低果脯的甜度、改进风味，还可加强其保藏性。

③采用热煮冷浸工艺。即取出糖液，经加热浓缩，减少原料高温受热时间，保持原料原有的风味。

研究发现：

（1）低糖山药脯糖制的最佳实验配方和工艺为：$CaCl_2$ 0.1%，卡拉胶0.4%，并采用白砂糖液进行三次渗糖法处理。

（2）其他工艺条件为采用 60~65℃ 的温度烘烤 8~10h 至山药不粘手，含水量 20% 左右时取出，冷却后剔除不合格的产品，包装即成成品。

第十一节 其他山药类产品

其他山药产品的开发可定位在方便面食的开发上，如科研人员可与康师傅控股（集团）有限公司、今麦郎食品集团有限公司等方便面食企业联手，打造包含山药成分在内的方便面食新品。方便面食的开发简单易行，基本没有太多的科研成本，只是需要在已有研究成果的基础上，进一步扩充和完善工艺技术，并做好对成果应用企业的宣传工作。延伸方便面食开发思路，还可以制作添加不同滋补中药（蔬菜）或其他有效成分的挂面系列产品。如山药+党参挂面、山药+芦荟挂面、山药+枸杞挂面、山药+红枣挂面、山药+苦瓜挂面、山药+板栗挂面、山药+洋葱挂面、山药+番茄挂面等。同时，推进山药深加工技术，还可将山药与豆面或玉米融合制成各种绿色食物，如山药豆面糊、山药玉米糊等。据调研，各类山药保健茶、山药保健酒等，也是市场前景比较看好的开发方向。

参考文献

班振英, 程恒辉, 周颖, 等. 2006. 脱氢表雄酮通过抑制血管细胞黏附分子1的表达发挥抗动脉粥样硬化作用 [J]. 中国动脉硬化杂志, 14 (10)：835-840.

鲍金勇, 王娟, 林碧敏, 等. 2006. 我国果醋的研究现状, 存在的问题及解决措施 [J]. 中国酿造 (10)：1-4.

鲍彤华, 时国庆. 2008. 不同冻结温度对山药片营养品质的影响 [J]. 安徽农业科学, 36 (12)：5 100-5 101.

蔡俊, 李辱, 金慧芳, 等. 2009. 新型山药醋的加工工艺 [J]. 农产品加工, 38 (6)：848.

蔡武城, 袁厚积. 1982. 生物物质常用化学分析法 [M]. 北京：科学出版社.

曹卫华, 夏红. 2004. 速冻山药的加工工艺 [J]. 食品研究与开发, 25 (1)：83-84.

陈佳希, 李多伟. 2010. 山药的功能及有效成分研究进展 [J]. 西北药学杂志, 25 (5)：398-400.

陈钧辉, 李俊, 张太平, 等. 2008. 生物化学实验, 第四版 [M]. 北京：科学出版社.

陈甜田. 2012. 山药醋发酵工艺的研究 [D]. 长春：吉林农业大学.

陈运中, 廖晓铃, 陈莹艳. 2013. 佛手山药多糖的分离纯化及组分结构分析 [J]. 湖北中医药大学学报, 15 (4)：33-37.

戴玲, 王华, 陈彦. 2000. 白头翁糖蛋白对小鼠腹腔巨噬细胞免疫的增强作用 [J]. 中国生化药物杂志, 21 (5)：230-232.

邓煌博, 揭晓萍, 邱松林. 2008. 山药精粉制作新工艺研究 [J]. 福建轻纺 (7)：1-5.

丁文平, 王月慧, 夏文水. 2006. 脉冲核磁共振和DSC测定淀粉回生的比较研究 [J]. 粮食与饲料工业 (1)：43-44.

丁玉琴, 孔三固, 郑锦锋. 2005. 2型糖尿病大鼠血糖血脂水平与抗性淀粉的相关性 [J]. 中国组织工程研究, 9 (15)：92-93.

丁筑红, 谭书明, 丁小燕. 2004. 山药菠萝复合饮料研制 [J]. 食品研究与开发, 25 (5)：80 -82.

董群, 郑丽伊. 1996. 改良的苯酚—硫酸法测定多糖和寡糖含量的研究 [J]. 中国药学杂志, 31 (9)：550-553.

杜双奎, 周丽卿, 于修烛, 等. 2011. 山药淀粉加工特性研究 [J]. 中国粮油学报, 26

（3）：34-40.

杜先锋，许时婴，王璋. 2002. NaCl 和糖对葛根淀粉糊化特性的影响［J］. 食品科学，23（7）：34-36.

杜先锋，许时婴，王璋. 2002. 淀粉糊的透明度及其影响因素的研究［J］. 农业工程学报，18（1）：129-131.

二国二郎. 1990. 淀粉科学手册［M］. 北京：中国轻工业出版社.

樊素芳，王彩霞，徐翠莲，等. 2010. 山药总多酚的提取工艺优化［J］. 安徽农业科学，38（33）：18 770-18 772.

付蕾，田纪春，汪浩. 2009. 抗性淀粉理化特性研究［J］. 中国粮油学报，24（5）：58-62.

傅博强，谢明勇，周鹏，等. 2002. 纤维素酶法提取茶多糖［J］. 食品与生物技术学报，21（4）：362-366.

傅婧. 2011. 紫山药皮中色素的提取纯化和稳定性研究及结构鉴定［D］. 南昌：南昌大学.

傅紫琴，蔡宝昌，卞长霞，等. 2008. 山药及其麸炒品的多糖成分对脾虚小鼠胃肠功能的影响［J］. 药学与临床研究，16（3）：181-183.

高宏武. 2004. 山药甾体皂苷的分离提取及其在小鼠体内降糖活性研究［D］. 上海：上海大学.

高群玉，姜欣，黄立新，等. 1999. 绿豆淀粉糊黏度性质的研究［J］. 中国粮油学报（5）：22-25.

高彦祥，许正虹. 2005. 紫甘薯色素研究进展［J］. 中国食品添加剂（1）：1-6.

龚盛昭，杨卓如，曾海宇. 2004. 微波辅助法萃取当归多糖的条件优化［J］. 食品与发酵工业（7）：125-128.

官守涛，唐微，赵杰，等. 2013. 山药多糖对镉致小鼠急性肝损伤的预防作用［J］. 湖北医药学院学报（2）：115-117.

郭安民，吴宏. 2006. 山药酸奶的研制［J］. 保鲜与加工（5）：33-34.

何凤玲. 2011. 山药中活性成分的提取及降糖活性的研究［D］. 重庆：西南大学.

何建军，程薇，陈学玲，等. 2006. 莲子真空冷冻升华干燥工艺的研究［J］. 湖北农业科学，45（2）：240-244.

何书英，詹彤，王淑茹. 1994. 山药水溶性多糖的化学及体外抗氧化活性［J］. 中国药科大学学报，25（6）：369-372.

何新蕾，郭小慧，尹丽. 2014. 铁棍山药多糖对四氯化碳诱导的急性小鼠肝损伤的保护作用［J］. 氨基酸和生物资源，36（2）：35-36.

何云. 2008. 山药多糖降血糖作用的实验研究. 华北煤炭医学院学报（4）：448.

黄华宏. 2002. 甘薯淀粉理化特性研究［D］. 杭州：浙江大学.

黄锁义，黎海妮，唐玉莲. 2007. 芥菜中总黄酮的提取及其对羟基自由基的清除作用

研究 [J]. 时珍国医国药, 18 (10): 2 479-2 480.

惠斯特勒. 1988. 淀粉的化学与工艺学 [M]. 北京: 中国食品出版社.

江明, 饶茂阳. 2006. 脱水山药片的加工工艺研究 [J]. 安徽农业科学, 34 (16): 4 095.

江宁, 刘春泉, 李大婧, 等. 2008. 果蔬微波干燥技术研究进展 [J]. 江苏农业科学 (1): 216-219.

姜军. 2007. 山药多糖的分离纯化及其化学结构的初步研究 [D]. 扬州: 扬州大学.

姜艳芳, 谭岩, 赵平伟, 等. 2004. DHEA 抑制大鼠转移性 Morris 肝癌的实验研究 [J]. 吉林大学学报 (医学版), 30 (6): 860-864.

姜竹茂, 陈新美, 缪静. 2001. 从豆渣中制取可溶性膳食纤维的研究 [J]. 中国粮油学报, 16 (3): 52-55.

金金. 2011. 山药制粉加工技术研究 [D]. 无锡: 江南大学.

景娴, 江海, 杜欢欢, 等. 2016. 我国山药研究进展 [J]. 安徽农业科学, 44 (15): 114-117.

敬思群. 2001. 山药牛奶乳酸菌复合饮料的开发 [J]. 农牧产品开发 (3): 26-27.

阚建全, 阎磊, 陈宗道, 等. 2000. 甘薯糖蛋白的免疫调节作用研究 [J]. 西南大学学报 (自然科学版), 22 (3): 257-260.

阚建全. 2001. 山药活性多糖抗突变作用的体外实验研究. 营养学报, 23 (1): 76-78.

孔晓朵, 白新鹏. 2009. 山药的活性成分及生理功能研究进展 [J]. 安徽农业科学, 37 (13): 5 979-5 981.

李彬. 2015. 山药淀粉品质特性的研究与应用 [D]. 天津: 天津科技大学.

李昌文, 刘延奇, 申洁, 等. 2009. 山药淀粉提取工艺的研究 [J]. 粮油加工 (5): 102-104.

李大为. 2015. 优良醋酸菌的筛选及怀山药醋的研制 [D]. 北京: 北京工商大学.

李凤玲, 何金环. 2008. 植物多糖的结构与分离纯化技术研究进展 [J]. 中国农学通报, 24 (10): 276-279.

李忌, 巨勇. 1991. 天然淄体皂苷化合物的抗肿瘤活性 [J]. 天然产物研究与开发 (1): 14-17.

李洁, 邱德江. 2005. 酶法提取羊肚菌多糖的研究简报 [J]. 河北林业科技 (1): 1-2.

李静茹. 2012. 黄姜中薯蓣皂苷高效提取方法研究 [D]. 开封: 河南大学.

李魁, 毛利厂, 路洪义. 2009. 山药板栗保健稠酒的研究 [J]. 中国酿造 (11): 172-174.

李丽微. 2014. 新型益生乳酸菌发酵山药酸奶的研究 [D]. 保定: 河北农业大学.

李树英. 1990. 山药健脾胃作用的研究 [J]. 中药药理与临床, 9 (4): 232.

李四秀. 2009. 脚板薯无公害栽培技术 [J]. 农村百事通 (6): 9-10.

李伟, 程超, 莫开菊, 等. 2007. 零余子多酚类物质的提取工艺及测定方法比较 [J].

食品科学，28（8）：152-156.

李夏兰，魏国栋，王昭晶，等. 2006. 微波辅助提取芥菜多糖及醇沉工艺的研究 [J]. 食品工业科技，(5)：123-125.

李小强. 2012. 山药蛋白酶解多肽液及多肽酒制备工艺研究 [D]. 武汉：湖北工业大学.

李亚娜，阚建全，陈宗道，等. 2002. 甘薯糖蛋白的降血脂功能 [J]. 营养学报，24（4）：433-434.

李亚娜，赵谋明，彭志英，等. 2003. 甘薯糖蛋白的分离、纯化及其降血脂功能 [J]. 食品科学，24（1）：118-121.

廖建民，张瑾，沈子龙. 2002. 超声波法提取海带多糖的研究 [J]. 药物生物技术，9（3）：157-160.

林刚，胡泗才，荣先恒，等. 2002. 山药及盾叶薯蓣对家蚕寿命和小鼠 LPO、LF 的影响 [J]. 南昌大学学报（理科版），26（4）：363-366.

林文庭. 2006. 番茄渣膳食纤维酶法提取工艺及其特性研究 [J]. 中国食品添加剂（5）：55-57.

林英男. 2014. 复合酶法制备发酵型山药酒及其澄清工艺的研究 [D]. 济南：齐鲁工业大学.

凌凡，张忠孝，樊俊杰，等. 2015. 膜分离法、化学吸收法以及联合法分离 CO_2/CH_4 试验比较 [J]. 动力工程学报，35（3）：245-250.

凌关庭. 2009. 天然食品添加剂手册 [M]. 北京：化学工业出版社.

刘本国，战宇，许克勇，等. 2007. 液质联用鉴定亮叶杨桐叶中的类黄酮化合物 [J]. 食品研究与开发，28（3）：118-120.

刘成梅，游海. 2003. 天然产物有效成分的分离与应用（第 1 版）[M]. 北京：化学工业出版社.

刘洁，刘亚伟. 2005. 直链淀粉与支链淀粉的分离方法 [J]. 粮食与饲料工业（2）：15-17.

刘金荣，江发寿，但建明，等. 2002. 独尾草多糖的超声提取及含量测定 [J]. 中草药，33（4）：322-323.

刘兰英，李新华，范媛媛. 2005. 香蕉淀粉理化性质的研究 [J]. 农产品加工·学刊（11）：30-32.

刘学铭，肖更生，徐玉娟，等. 2002. D101A 大孔吸附树脂吸附和分离桑椹红色素的研究 [J]. 食品与发酵工业，28（1）：19-22.

刘雨萌. 2016. 怀山全粉—小麦复合粉面团流变特性及馒头品质研究 [D]. 北京：北京工商大学.

卢丽，韩璐. 2012. 矢车菊素-3-葡萄糖苷在体内外抑制肺癌生长中的作用 [EB/OL]. 中华临床医师杂志，6（5）：56-59.

鲁建江, 王莉, 顾承志, 等. 2002. 商陆多糖的微波提取及含量测定 [J]. 首都医药 (5): 55-56.

鲁建江, 王莉, 顾承志, 等. 2001. 天花粉多糖的提取及含量测定 [J]. 天津药学, 13 (2): 54-55.

路阳, 王贤舜. 1992. 用考玛斯亮兰 G-250 迅速, 灵敏地测定蛋白质浓度 [J]. 生物学杂志 (1): 24-25.

罗金岳, 安鑫南. 2005. 植物精油和天然色素加工工艺 [M]. 北京: 化学工业出版社.

罗敏, 舒军. 2009. 薯蓣皂苷及皂苷元提取分离和抗肿瘤研究进展 [J]. 南京中医药大学学报, 25 (4): 318-320.

马立新, 吴丽平, 贾连春, 等. 2007. 山药对糖尿病肠病患者血糖及胃肠激素的影响 [J]. 时珍国医国药, 18 (8): 1 864-1 865.

苗明三. 1997. 怀山药多糖对小鼠免疫功能的增强作用 [J]. 中药药理与临床, 13 (3): 25-26.

苗明三. 1997. 怀山药多糖抗氧化作用研究 [J]. 中华中医药杂志 (2): 22-23.

倪勤学, 高前欣, 霍艳荣, 等. 2012. 紫山药色素的提取工艺及抗氧化性能研究 [J]. 天然产物研究与开发, 24 (2): 229-233.

倪少云, 宋学华. 2002. 山药的营养成分分析 [J]. 药学与临床研究, 10 (2): 26-27.

聂凌鸿, 宁正祥. 2002. 山药的开发利用 [J]. 中国野生植物资源, 21 (5): 17-20.

聂凌鸿. 2008. 淮山药抗性淀粉的制备及共性质 [J]. 食品工业科技 (11): 163-166.

潘锡和, 章近富. 2001. 万载山药及其栽培技术 [J]. 现代园艺 (1): 30-31.

裴福成, 李长新, 任桂萍. 2007. 柱前衍生 HPLC 法测定地龙中氨基酸的含量 [J]. 中医药学报, 35 (3): 26-27.

裴剑慧, 王强, 周素梅. 2005. 我国花生蛋白资源的开发与利用 [J]. 粮油加工与食品机械 (12): 53-55.

彭成, 欧芳春, 罗光宇, 等. 1990. 大鼠脾虚造模及山药粥对其影响的实验研究 [J]. 成都中医学院学报, 13 (4): 38-44.

钱建亚, 刘栋, 孙怀昌. 2005. 甘薯糖蛋白功能研究——体外抗肿瘤与 Ames 实验 [J]. 食品科学, 26 (12): 216-218.

乔秀文, 兰卫, 李洪玲, 等. 2004. 新疆紫草中多糖的超声提取工艺优选 [J]. 中草药, 35 (8): 893-894.

曲玲玉, 李大为, 张鹏, 等. 2015. 酶水解制备山药皮可溶性膳食纤维及性能测定 [J]. 天然产物研究与开发 (3): 496-501.

任艳丽, 马力. 2006. 山药仿生食品的工艺研究 [J]. 四川食品与发酵, 42 (3): 48-50.

戎群洁, 王鸿飞. 2007. 芋头淀粉与其他淀粉物理特性比较研究 [J]. 粮油食品科技, 15 (1): 48-49.

邵秀芝, 肖永霞. 2009. 小麦抗性淀粉物理性质研究 [J]. 粮食与油脂 (9)：11-13.

沈爱英, 谷文英. 2001. 复合酶法提取姬松茸子实体多糖的研究 [J]. 食用菌, 23 (3)：7-9.

施瑞城, 侯晓东, 李婷, 等. 2007. 低糖山药果脯的加工工艺研究 [J]. 食品工业科技, 28 (2)：182-184.

石永峰. 1996. 小麦麦麸中阿糖基木聚糖的提取和分析 [J]. 粮食储藏 (4)：42~45.

中国医学科学院卫生研究所. 食物成分表 [M]. 北京：人民卫生出版社.

舒思洁, 洪爱蓉, 胡宗礼, 等. 1998. 山药对糖尿病小鼠血糖、血脂、肝糖元和心肌糖元含量的影响 [J]. 咸宁医学院学报, 12 (4)：223-226.

宋立美, 张俊华, 李凤瑞, 等. 2003. 山药加工技术 [J]. 保鲜与加工, 3 (2)：22-23.

宋照军, 潘润淑, 苏国宏. 2002. 山药保健果冻的研制 [J]. 食品工业科技, 23 (2)：58-60.

宋照军, 张浩, 孙恒艳. 2003. 发酵山药酸奶工艺的研究 [J]. 食品工业 (1)：22-23.

孙峰. 2005. 鲜山药的生物活性研究 [D]. 无锡：江南大学.

孙庆芸. 2002. 山药仿生食品的加工技术 [J]. 中国农村科技 (3)：41.

孙晓朵, 白新鹏. 2009. 山药的活性成分及生理功能研究进展 [J]. 安徽农业科学, 37 (13)：5 979-5 981.

孙旭明. 1999. 芋头实用栽培新技术问答 [M]. 北京：中国农业出版社.

孙延鹏, 李露露, 刘振坤. 2010. 山药多糖对小鼠免疫性干损伤的保护作用 [J]. 华西医药学杂志 (1)：26-28.

孙芝杨, 杨振东, 焦宇知. 2013. 淮山药蛋白质的提取及抗氧化作用的研究 [J]. 食品科技 (10)：232-235.

谭春爱, 张石蕊, 杨建武. 2014. 山药多糖的生理学功能及应用 [J]. 湖南饲料 (2)：32-33.

谭春爱, 张石蕊. 2014. 山药多糖的生物学活性及前景展望 [J]. 中国饲料添加剂 (6)：11-15.

唐成康, 高小平, 徐大勇, 等. 2005. 山茱萸糖蛋白的纯化及部分理化性质研究 [J]. 天然产物研究与开发, 17 (2)：147-151.

唐雪峰. 2010. 高脱氢表雄酮山药种质资源及其抗肿瘤和抗氧化的研究 [D]. 福州：福建农林大学.

陶乐平, 吴东儒. 1988. 薯蓣多糖的分离、纯化、组成及某些性质 [J]. 安徽大学学报 (3)：102.

田辉, 马力, 任艳丽. 2006. 山药保健冰淇淋的研制 [J]. 现代食品科技, 22 (4)：187-188.

田玉莲. 2015. 山药多糖分离纯化、功能特性及结构初步研究. [D]. 北京：北京工商

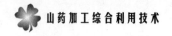

大学.

万彩霞, 许泓瑜, 薛峰, 等. 2003. 松口蘑菌丝体糖蛋白对荷 S180 肉瘤小鼠的抗肿瘤作用 [J]. 中国药理学通报, 19 (12): 1 439-1 440.

万新, 万剑真, 艾初湘. 2003. 新型保健饮料——乳酸菌怀山药乳 [J]. 农产品加工 (3): 24-25.

汪成东, 张振文, 宋士任. 2004. 葡萄多酚物质提取方法的研究 [J]. 西北植物学报, 24 (11): 2 131-2 135.

汪虹, 瞿传菁. 2002. 酶法提取金耳多糖的研究简报 [J]. 食用菌, 24 (2): 7-8.

王安建, 侯传伟, 黄纪念. 2007. 山药真空微波冻干工艺: CN1927001 [P].

王丽娟, 王岩, 陈声武, 等. 2002. 薯蓣皂苷元体内、外的抗肿瘤作用 [J]. 中国中药杂志, 27 (10): 777-779.

王丽霞, 刘安军, 舒媛, 等. 2008. 山药蛋白多糖体外抗氧化作用的研究 [J]. 现代生物医学进展, 8 (2): 242- 245.

王鲁石, 王莉, 鲁建江, 等. 2002. 红景天叶多糖的微波提取及含量测定 [J]. 石河子大学学报 (自科版), 6 (1): 18-19.

王若兰, 侣丽莎, 李成文, 等. 2012. 山药枸杞山楂复合饮料的研制 [J]. 中国酿造, 31 (3): 166-170.

王孝平, 邢树礼. 2009. 考马斯亮蓝法测定蛋白含量的研究 [J]. 天津化工, 23 (3): 40-42.

王勇, 赵若夏, 白冰. 2008. 怀山药脂肪酸成分分析 [J]. 新乡医学院学报, 25 (2): 112-113.

王震宇. 2005. 山药多糖的提取、分离、功能性及其功能食品工艺研究 [D]. 南昌: 南昌大学.

王竹, 门建华, 杨月欣, 等. 2002. 抗性淀粉对大鼠锌营养状况的影响 [J]. 营养健康新观察, 24 (1): 167-170.

王竹, 杨月欣, 韩军花, 等. 2002. 抗性淀粉对饮食诱发葡萄糖耐量异常的预防 [J]. 营养学报, 24 (1): 48-52.

惟杰. 1999. 糖复合物生化研究技术 [M]. 杭州: 浙江大学出版社.

魏文志, 夏文水, 吴玉娟. 2006. 小球藻糖蛋白的分离纯化与抗氧化活性评价 [J]. 食品与机械, 22 (5): 20-22.

魏章焕, 许燎原. 2017. 百合·山药 [M]. 北京: 中国农业科学技术出版社.

吴彩容, 陈炳华, 刘剑秋, 等. 2006. 大孔吸附树脂对高粱泡鲜果红色素的吸附与洗脱性能 [J]. 福建师范大学报 (自然科学版), 22 (3): 85-89.

吴建华, 崔九成. 2000. 山药炮制方法初探 [J]. 陕西中医学院学报, 23 (4): 49-50.

吴锦铸, 黄苇. 2003. 速冻果蔬的生产工艺及产品品质控制 [J]. 冷饮与速冻食品工业, 9 (1): 31-34.

吴亚林, 黄静, 潘远江. 2004. 无花果多糖的分离、纯化和鉴定. 浙江大学学报 (理学版），31（2）：178.

肖春玲. 2001. 人类的第七大营养素——膳食纤维 [J]. 中国食物与营养（3）：54-55.

谢荣辉，钱利众. 2007. 鲜切山药护色研究 [J]. 温州大学学报，28（6）：30-34.

谢兴源. 2009. 山药的主要成分及其应用价值 [J]. 现代农业科技（6）：76-77.

信维平，赵丽红. 2006. 葛根山药冰淇淋的研究 [J]. 食品研究与开发，27（3）：84-85.

徐成基. 2000. 中国薯蓣资源 [M]. 成都：四川科技出版社.

徐桂花，杨建兴，于颖，等. 2008. 山药果冻的工艺研究 [J]. 现代食品科技，24（11）：1 173-1 175.

徐琴，徐增莱，沈振国. 2006. 淮山药多糖的研究 [J]. 中药材，29（9）：909-912.

许琦. 2007. 山药啤酒的研制 [J]. 食品科学，25（8）：628-631.

闫宁环. 2007. 黑莓色素超声波提取、纯化及特性研究 [D]. 杨凌：西北农林科技大学.

闫雪梅. 2003. 南瓜糖蛋白的提取与分离研究 [D]. 镇江：江苏大学.

严平，钱尚源，敖凌. 2003. 真空微波低温干燥技术探讨 [J]. 能源研究与信息，19（4）：242-246.

杨夫臣，吴江，程建徽，等. 2007. 葡萄果皮花色素的提取及其理化性质 [J]. 果树学报，24（3）：287-292.

杨金莲，敖万根，席小明，等. 2010. 山药多糖对 SD 大鼠生长性能和免疫功能的影响 [J]. 江西中医学院学报，22（6）：60-63.

杨李. 2013. 山药花生露的加工工艺研究 [D]. 保定：河北农业大学.

杨颖，徐桂花. 2008. 山药酸奶工艺的研制 [J]. 乳液科学与技术（2）：80-83.

易俊，黄玉仙，王涛. 2013. 不同种质资源山药黄酮比较 [J]. 福建中医药大学学报，23（3）：30-32.

尹尚军，陈引伟，汪财生，等. 2011. 利用响应曲面法优化乙醇提取红山药色素工艺条件 [J]. 江苏农业科学，39（2）：390-395.

于东，叶兴乾，方忠祥，等. 2010. 采用 HPLC-DAD-ESIMS 技术鉴定紫山药中的花色苷成分 [J]. 中国食品学报，10（3）：213-218.

于功明，陆晓滨，王成忠. 2003. 天然马蹄山药果粒奶茶 [J]. 农产品加工（4）：22-23.

于海荣，王济兴，张风英，等. 2006. 穿山龙总皂苷对大鼠 T 淋巴细胞功能影响的血清药理学研究 [J]. 时珍国医国药，17（9）：1 653-1 654.

于莲，周彤，郭宇. 2013. 纳米山药多糖合生元结肠靶向微生态调节剂对菌群失调动物生物学机制研究 [J]. 中国微生态学杂志，25（5）：1 002-1 003.

于诗芬. 2000. 冻干山药的加工技术 [J]. 食品科技（5）：23.

袁金祥. 2015. 山药乳酸菌发酵饮料的研究 [D]. 太谷：山西农业大学.

张伏，付三玲，佟金，等. 2008. 玉米淀粉糊的流变学特性分析 [J]. 农业工程学报，24（9）：294-297.

张海英，韩涛，陈湘宁. 2005. 山药制品加工方法 [J]. 保鲜与加工，5（3）：45-46.

张红建. 2014. 利用变温压差膨化技术生产山药休闲食品 [D]. 武汉：武汉轻工大学.

张继武，程唐宁. 2004. 山药内酯豆腐的研制 [J]. 食品与发酵工业，30（7）：26-29.

张军，秦雪梅，薛黎明，等. 2008. HPLC-ELSD 法测定山药中尿囊素含量的研究 [J]. 药物分析杂志，28（10）：1 648-1 650.

张立强. 2008. 酒精制醋连续发酵工艺的研究 [D]. 济南：山东轻工业学院.

张丽芳. 2013. 淮山药淀粉及抗性淀粉理化性质的研究 [D]. 福州：福建农林大学.

张俐娜，薛奇，莫志深. 2006. 高分子物理近代研究方法 [M]. 武汉：武汉大学出版社.

张林维. 1999. 番薯淀粉组分的分级分离 [J]. 食品科学，20（3）：15-18.

张猛，邢智峰，杨桂荣. 2000. 山药加工方法的改进研究 [J]. 焦作师范高等专科学校学报（1）：37-38.

张敏，杜琳，黄桂东，等. 2007. 山药总皂苷的提取研究 [J]. 中药材，30（7）：42-45.

张守文，孟庆虹，杨春华，等. 2006. 玉米抗性淀粉的结构和性质研究 [J]. 食品工业科技，27（6）：64-66.

张添，徐宪菁，刘清华，等. 2002. 山药的综合开发利用 [J]. 粮油加工与食品机械（10）：55-56.

张薇，王泽槐，许静芬. 2005. 淮山药微波干燥过程温度水分的特征变化研究 [J]. 中药材，28（9）：760-764.

张欣，苏菊. 1999. 酶法提取香菇柄多糖 [J]. 生物技术，9（1）：21-24.

张雅媛，洪雁，顾正彪，等. 2011. 玉米淀粉与黄原胶复配体系流变和凝胶特性分析 [J]. 农业工程学报，27（9）：357-362.

张燕萍，颜燕. 1997. 食品成分对淀粉糊性能的影响 [J]. 无锡轻工大学学报，16（1）：24-28.

张燕萍. 2007. 变性淀粉制造与应用（第2版）[M]. 北京：化学工业出版社.

张宇喆. 2008. 山药多糖对大鼠盲肠微生物区系和免疫功能的影响 [D]. 武汉：华中农业大学.

张志转，陈多璞，沈希宏，等. 2008. 抗性淀粉形成的影响因素 [J]. 核农学报，22（04）：483-487.

赵二劳，房彩琴，张海容. 2006. 微波辅助提取南瓜多糖的研究 [J]. 山西大学学报（自然科学版），29（2）：187-189.

赵贵红，周天华. 2007. 发酵型山药米酒的研制 [J]. 酿酒，34（5）：85-86.

赵国华，李志孝，陈宗道. 2003. 山药多糖 RDPS-I 的结构分析及抗肿瘤活性 [J]. 药学学报，38（1）：37-41.

赵国华，李志孝，陈宗道. 2002. 山药多糖 RDPS-I 组分的纯化及理化性质的研究
　　[J]. 食品与发酵工业，28（9）：1-4.

赵国华，王赟，李志孝，等. 2002. 山药多糖的免疫调节作用 [J]. 营养学报，24
　　（2）：187-188.

赵国华. 2001. 四种根茎类食物活性多糖的研究 [D]. 重庆：西南农业大学.

赵宏，谢晓玲，万金志，等. 2009. 山药的化学成分及药理研究进展 [J]. 今日药学，
　　19（3）：49-51.

赵珺，王安建，黄纪念. 2007. 真空微波冻干法制备怀山药片的研究 [J]. 食品科技
　　（5）：89-91.

赵凯，张守文，杨春华，等. 2004. 现代分析技术在淀粉研究中的应用 [J]. 粮油食品
　　科技，12（6）：49-50.

赵云茜，康毅，高卫真，等. 2008. 薯蓣皂苷对大鼠心肌缺血再灌注损伤的保护作用
　　[J]. 中国心血管杂志，13（6）：434-437.

赵云荣，王世雷. 2008. 植物花青素研究进展 [J]. 安徽农业科学，36（8）：3 095-
　　3 097.

郑永霞. 2008. 花色素苷药理功效的研究进展 [J]. 山西医药杂志，37（3）：255-257.

周成河，吴云，张友明，等. 2004. 山药的加工利用 [J]. 安徽农学通报，10（4）：
　　65-66.

周燕平. 2011. 山药多糖的提取分离与结构初步解析 [D]. 无锡：江南大学.

朱彩平，张声华. 2005. 枸杞子水提物中多糖含量的测定 [J]. 食品与发酵工业，31
　　（2）：111-113.

Zheng L X，邵泓，Chen G，等. 2008. 13 种氨基酸和牛磺酸的柱前衍生化 HPLC 测定
　　[J]. 中国医药工业杂志，39（8）：610-612.

And J P，Wang Y J. 2003. Fine Structures and Physicochemical Properties of Starches from
　　Chalky and Translucent Rice Kernels [J]. Journal of Agricultural & Food Chemistry，51
　　（9）：2 777-2 784.

Annamaryju D S. 1997. Antioxidant ability of anthocyanins against ascorbic acid oxidation
　　[J]. Phytochemistry，45（4）：671-674.

Aoki K，Saito T，Satoh S，et al. 1999. Dehydroepiandrosterone suppresses the elevated he-
　　patic glucose-6-phosphatase and fructose-1，6-bisphosphatase activities in C57BL/Ksj-
　　db/db mice：comparison with troglitazone [J]. Diabetes，48（8）：1 579-1 585.

Banks W，Greenw cod C T，Khan K M. 1971. The interaction of linger amylase oliglmers
　　with iodine [J]，Carbohydrate Research，17：2.

Bataillon M，Mathaly P，Cardinali A P N，et al. 1998. Extraction and purification of arabi-
　　noxylan from destarched wheat bran in a pilot scale [J]. Industrial Crops & Products，8

(1)：37-43.

Bauermarinovic M, Florian S, Müllerschmehl K, et al. 2006. Dietary resistant starch type 3 prevents tumor induction by 1, 2-dimethylhydrazine and alters proliferation, apoptosis and dedifferentiation in rat colon [J]. Carcinogenesis, 27 (9)：1 849.

Bednarek - Tupikowska G, Gosk I, Szuba A, et al. 2000. Influence of dehydroepiandrosterone on platelet aggregation, superoxide dismutase activity and serum lipid peroxide concentrations in rabbits with induced hypercholesterolemia [J]. Medical Science Monitor International Medical Journal of Experimental & Clinical Research, 6 (1)：40.

Bischoff H, Ahr H J, Schmidt D, et al. 1994. Acarbose-ein neues wirkprinzip in der diabetes-therapie Nachr [J]. Chem Tech Lab, 42：1 119-1 128.

Bradford M M. 1976. A rapid and sensitive method for the quantization of microgram quantities of protein utilizing the principle of protein-dye binding [J]. Analytic Biochemistry, 72：248-254.

Brouillard R, Chassaing S, Fougerousse A. 2003. Why are grape/fresh wine anthocyanins so simple and why is it red wine color lasts so long [J]. Phytochemistry, 64 (7)：1 179-1 186.

Cai W, Gu X, Tang J. 2008. Extraction, purification, and characterization of the polysaccharides from Opuntia milpa alta [J]. Carbohydrate Polymers, 71：403-410.

Cairns P, Bogracheva T Y, Ring S G, et al. 1997. Determination of the polymorphic composition of smooth pea starch. [J]. Carbohydrate Polymers, 32 (3)：275-282.

Chen H L, Wang C H, Chang C T, et al. 2003. Effects of Taiwanese yam (Dioscorea alata, L. cv. Tainung No. 2) on the mucosal hydrolase activities and lipid metabolism in Balb/c mice [J]. Nutrition Research, 23 (6)：791-801.

Chen H, Wang C, Chang C, et al. 2003. Effects of Taiwanese yam (Dioscorea japonica Thunb var. pseudojaponica Yamamoto) on upper gut function and lipid metabolism in Balb/c mice [J]. Nutrition, 19：646.

Chen P, Yu L, Simon G P, et al. 2011. Internal structures and phase-transitions of starch granules during gelatinization [J]. Carbohydrate Polymers, 83 (4)：1 975-1 983.

Cheng H H, Lai M H. 2000. Fermentation of resistant rice starch produces propionate reducing serum and hepatic cholesterol in rats [J]. Journal of Nutrition, 130 (8)：1 991.

Chezem J C, Furumoto E, Story J. 1997. Effects of resistant potato starch on cholesterol and bile acid metabolism in the rat [J]. Nutrition Research, 17 (11)：1 671-1 682.

Chang M T, Chen K F, Yao H T, et al. 2004. Effect of Yam Yogurt on Intestinal Physiology in Rats [J]. taiwanese journal of agricultural chemistry and food science, 42 (6)：421-447.

Chung H J, Shin D H, Lim S T. 2008. In vitro starch digestibility and estimated glycemic index of chemically modified corn starches [J]. Food Research International, 41 (6): 579-585.

Coleman D L, Leiter E H, Schwizer R W. 1982. Therapeutic effects of dehydroepiandrosterone (DHEA) in diabetic mice [J]. Diabetes, 31 (9): 830.

Colonna P, Mercier C. 1984. Macromolecular structure of wrinkled-and smooth-pea starch components [J]. Carbohydrate Research, 126 (2): 233-247.

Ding H H, Cui S W, Goff H D, et al. 2015. Short-chain fatty acid profiles from flaxseed dietary fibres after in vitro fermentation of pig colonic digesta: Structure - function relationship [J]. Bioactive Carbohydrates and Dietary Fibre, 6 (2): 62-68

Dong X, Han S, Zylka M J, et al. 2011. A diverse family of GPCRs expressed in specific subsets of nociceptive sensory neurons [J]. Cell, 106: 619-632.

Dubois M, Gilles K A, Hamilton J K, et al. 1956. Colorimetric method for determination of sugars and related substances [J]. Analytical Biochemistry, 28: 350-256.

Melo E A, Swinkels Schoch. 1968. Preparation and properties of various legume starches [J]. Cereal Chemistry, 45 (6): 546-573.

Eerlingen R C, Delcour J A. 1995. Formation, analysis, structure and properties of type III enzyme resistant starch [J]. Journal of Cereal Science, 22 (2): 129-138.

Englyst H N, Kingman S M, Cummings J H. 1992. Classification and measurement of nutritionally important starch fractions [J]. European Journal of Clinical Nutrition, 46 (Suppl 2): S33.

Fan D J, Han Y B, Gu Z X, et al. 2008. Composition and color stability of anthocyanins extracted from fermented purple sweet potato culture [J]. Food Science and technology, 41 (8): 1 412-1 416.

Feng-Lin H, Yaw-Huei L. 2002. Both Dioscorin, the tuber storage protein of Yam (*Dioscorea alata* cv. *Tainong* No.1), and its peptic hydrolysates exhibited angiotensin converting enzyme inhibitory activities [J]. J. Agric. FoodChem., 50: 6 109-6 113

Ganzler K. 1986. Microwave extraction a noval sample preparation method for chromatography [J]. Journal of Chromatogr, 371: 299.

Giusti M M, Rodriguez-Saona L E, et al. 1999. Molar absorptivity and color characteristics of acylated and non-acylated pelargonidin-based anthocyanins [J]. J Agric. Food Chem., 47: 4 631-4 737.

Goñi I, García-Diz L, Mañas E, et al. 1996. Analysis of resistant starch: A method for foods and food products Source [J]. Food Chemistry, 56 (4): 445-449.

Grant L A, Ostenson A M, Rayas - Uarte P. 2002. Determination of Amylose and Amylopectin of Wheat Starch Using High Performance Size Exclusion Chromatography

(HPSEC) [J]. Cereal Chemistry, 79 (6): 771-773.

Han L, Ma C, Liu Q, et al. 2013. A subpopulation of nociceptors specifically linked to itch [J]. Nature Neuroscience, 16 (2): 174-182.

Hans N. Englyst, Susan M. Kingman, Geoffrey J. Hudson, et al. 1996. Measurement of resistant starch in vitro and in vivo [J]. Br J Nutr, 75 (5): 749-755.

Haralampu S G. 2000. Resistant starch-a review of the physical properties and biological impact of RS3 [J]. Carbohydrate Polymers, 41 (3): 285-292.

He M, Hong J, Yang Y X, et al. 2005. Influence of resistant starch on colon flora of mice [J]. Journal of Hygiene Research, 34 (1): 85-87.

Herrmannn K. 1989. Occurrence and content of hydroxycinnamic and hydroxybenzoic acid compounds in food [J]. Critical Reviews in Food Science and Nutrition, 28 (4); 315-347.

Hikino H, Konno C, Takahashi M, et al. 1986. Isolation and hypoglycemic activity of dioscorans A, B, C, D, E, and F; glycans of Dioscorea japonica rhizophors [J]. Planta Medica, 52 (3): 168-171.

Jane J L, Chen J F. 1992. Effect of amylose molecular size and amylopectin branch chain length on paste properties of starch [J]. Cereal Chemistry, 69 (1): 60-65.

Jeon J R, Kim J Y, Choi J H. 2007. Effect of yam yogurt on colon mucosal tissue of rats with loperamide-induced constipation [J]. Food Science and Biotechnology, 16 (4): 605-609.

Khatoon S, Sreerama Y N, Raghavendra D, et al. 2009. Properties of enzyme modified corn, rice and tapioca starches [J]. Food Research International, 42 (10): 1 426-1 433.

Kim S H, Lee S Y, Palanivel G, et al. 2011. Effect of Dioscorea opposita Thunb. (yam) supplementation on physicochemical and sensory characteristics of yogurt [J]. Journal of dairy science, 94 (4): 1 705-1 712.

Konczak I, Zhang W. 2004. Anthocyanins-more than nature's colours [J]. Journal of Biomedicine & Biotechnology (5): 239-240.

Kong J M, Chia L S, Goh N K, et al. 2003. Analysis and biological activities of anthocyanins [J]. Brouillard. Phytochemistry, 64 (5): 923-933.

Kusano-Shuichi. 2000. Antidiabetic activity of whit shinned sweet potato (*Ipomoea batatas* L.) in obes zucker fatty rats [J]. Biological and pharmaceutica Bulletin, 23 (1): 23-26.

Lawal O S. 2012. Succinylated Dioscorea cayenensis, starch: Effect of reaction parameters and characterisation [J]. Starch-Stärke, 64 (2): 145-156.

Layer P, Carlson G L, Dimagno E P. 1985. Partially purified white bean amylase inhibitor reduces starch digestion in vitro and inactivate intraduodenal amylase in humans [J]. Gastroenterology, 88: 1 895-1 902.

Le L R, Brown I L, Hu Y, et al. 2005. A synbiotic combination of resistant starch and Bifidobacterium lactis facilitates apoptotic deletion of carcinogen—damaged cells in rat colon [J]. Journal of Nutrition, 135 (5): 996.

Lembo P M, Com S, Grazzini E, et al. 2002. Proenkephalin A gene products activate a new family of sensory neuron—specific GPCRs [J]. Nature Neuroscience, 5 (3): 201-209.

Leu R K L, Brown I L, Ying H, et al. 2003. Effect of resistant starch on genotoxin—induced apoptosis, colonic epithelium, and lumenal contents in rats [J]. Carcinogenesis, 24 (8): 1 347.

Leu R K L, Ying H, Young G P. 2002. Effects of resistant starch and nonstarch polysaccharides on luminal environment and AOM - induced apoptosis [J]. Gastroenterology, 23 (5): 713-719.

Liljeberg H, Åkerberg A, Björck I. 1996. Resistant starch formation in bread as influenced by choice of ingredients or baking conditions [J]. Food Chemistry, 56 (4): 389-394.

Liu Q, Sikand P, Ma C, et al. 2012. Mechanisms of itch evoked by β - alanine [J]. Journal of Neuroscience the Official Journal of the Society for Neuroscience, 32 (42): 14 532-14 537.

Liu Q, Tang Z, Surdenikova L, et al. 2009. Sensory neuron-specific GPCR Mrgprs are itch receptors mediating chloroquine-induced pruritus [J]. Cell, 139 (7): 1 353-1 356.

Liu Q, Weng H J, Patel K N, et al. 2011. The distinct roles of two GPCRs, MrgprC11 and PAR2, in itch and hyperalgesia [J]. Sci Signal, (18): a45.

Longo L, Scardino A, Vasapollo G. 2007. Identification and quatification of anthocyanins in the berries of Pistacia lentiscus L [J]. Innovative Food Science & Emerging Technolodies, 8 (3): 360-364.

Marlett J A, Longacre M J. 1996. Comparison of in vitro and in vivo measures of resistant starch in selected grain products [J]. Cereal Chemistry, 73 (1): 63-68.

Marshall J J, Whelan W J. 1974. Multiple branching in glycogen and amylopectin [J]. Archives of Biochemistry & Biophysics, 161 (1): 234-238.

Martinez-Flores H E, Chang Y K, Martinez-Bustos F, et al. 2004. Effect of high fiber products on blood lipids and lipoproteins in hamsters [J]. Nutrition Research, 24 (1): 85-93.

Martinez-Puig D, Mourot J, Ferchaud-Roucher V, et al. 2006. Consumption of resistant starch decreases lipogenesis in adipose tissues but not in muscular tissues of growing pigs [J]. Livestock Science, 99 (2): 237-247.

Mcpherson A E, Jane J. 1999. Comparison of waxy potato with other root and tuber starches

[J]. Carbohydrate Polymers, 40 (1): 57-70.

Moalic S, Liagre B, Corbiere C, et al. 2001. Aplant steroid, dios-genin, induces apopto-sis, cell cycle arrest and COX activity in os-teosareoma cells [J]. FEBS Lettern, 506 (3): 225-230.

Morton L W, Caccetta R A A, Puddey I B, et al. 2000. Chemistry and biological effects of dietary phenolic compounde: relevance to cardiovascular diease [J]. Clinical and Experi-mental Pharmacology and Physiology, 27 (3): 152-159.

Nair S U, Singhal R S, Kamat M Y. 2007. Induction of pullulanase production in Bacillus cereus FDTA-13 [J]. Bioresource Technology, 98 (4): 856.

Park H S, Park J T, Kang H K, et al. 2007. TreX from Sulfolobus solfataricus ATCC 35092 displays isoamylase and 4-alpha-glucanotransferase activities [J]. Biosci Biotechnol Bio-chem, 71 (5): 1 348-1 352.

Patil G, Madhusudhan M C, Babu B R, et al. 2009. Extraction, dealcoholization and con-centration of anthocyanins from red radish [J]. Chemical Enginering Processing, 48 (1): 364-369.

Peterna R. Shewry. 2003. Tuber Storage Proteins [J]. Annals of Botany, 91: 755-769.

Prehm S, Nickel V, Prehm P. 1996. A mild purification method for polysaccharide binding membrane proteins: phase separation of digitonin extracts to isolate the hyaluronate synthase from Streptococcus sp. in active form [J]. Protein Expression & Purification, 7 (4): 343.

Prema P, Devi K S, Kurup P A. 1978. Effect of purified starch from common Indian edible tubers on lipid metabolism in rats fed atherogenic diet [J]. Indian Journal of Biochemistry & Biophysics, 15 (5): 423-425.

Prema P, Kurup P A. 1979. Effect of feeding cooked whole tubers on lipid metabolism in rats fed cholesterol free & cholesterol containing diet. [J]. Indian Journal of Experimental Biol-ogy, 17 (12): 1 341-1 345.

Prior R L, Wu X L. 2006. Anthocyanins: structural characteristics that result in unique met-abolic patterns and biologicalactivities [J]. Free Radical Research, 40 (10): 1 014-1 028.

Queiroz-Monici K D S, Costa G E A, Silva N D, et al. 2005. Bifidogenic effect of dietary fiber and resistant starch from leguminous on the intestinal microbiota of rats [J]. Nutrition, 21 (5): 602.

Ribbus R J. 2003. Phenolic acids in food: an overview of analytical methodology [J]. Journal of Agricultural and Food Chemistry, 51 (10): 2 866-2 887.

Riley C K, Wheatley A O, Asemota H N. 2006. Isolation and Characterization of Starches from eight Dioscorea alata cultivars grown in Jamaica [J]. African Journal of

Biotechnology, 5 (17): 1 528-1 536.

Robertson M D, Bickerton A S, Dennis A L, et al. 2005. Insulin-sensitizing effects of dietary resistant starch and effects on skeletal muscle and adipose tissue metabolism [J]. American Journal of Clinical Nutrition, 82 (3): 559-567.

Sellappan S, Akoh C C, Kerwer G. 2002. Phenolic compounds and antioxidant capacity of Georg ia-grown blueberries and blackberries [J]. Journal of Agricultural and Food Chemistry, 50 (8): 2 432-2 438.

Shi Z, Bassa I A, Gabriel S L, et al. 1992. Anthocyanin pigment of sweet potatos-Ipomoea batatas [J]J. of Food Sci., 57 (3): 755-757.

Shin S, Byun J, Park K H, et al. 2004. Effect of partial acid hydrolysis and heat-moisture treatment on formation of resistant tuber starch [J]. Cereal Chemistry, 81 (2): 194-198.

Shujun W, Jinglin Y, Wenyuan G, et al. 2006. New starches from traditional Chinese medicine (TCM) --Chinese yam (*Dioscorea opposita* Thunb.) cultivars [J]. Carbohydr Res, 341 (2): 289-293.

Soni P L, Sharma H, Dun D, et al. 1993. Physicochemical Properties of *Quercus leucotrichophora* (Oak) Starch [J]. Starch-Stärke, 45 (4): 127-130.

Takeda Y, Hizukuri S, Juliano B O. 1986. Purification and structure of amylose from rice starch [J]. Carbohydrate Research, 148 (2): 299-308.

Takeda Y, Shirasaka K, Hizukuri S. 1984. Examination of the purity and structure of amylose by gel-permeation chromatography [J]. Carbohydrate Research, 132 (1): 83-92.

Takeichi T, Takeuchi J, Kaneko T, et al. 1998. Purification and characterization of a galactose-rich basic glycoprotein in tobacco [J]. Plant Physiology, 116 (2): 477.

Thompson D B. 2000. Strategies for the manufacture of resistant starch [J]. Trends in Food Science & Technology, 11 (7): 245-253.

Toden S, Bird A R, Topping D L, et al. 2005. Resistant starch attenuates colonic DNA damage induced by higher dietary protein in rats [J]. Nutrition & Cancer-an International Journal, 51 (1): 45-51.

Vatai T, Škerget M, Knez Z. 2009. Extraction of phenolic compounds from elder berry and-different grape mare varieties using organic solvents and/or supercritical carbon dioxide [J]. Journal of Food Engineerring, 90 (2): 246-254.

Vieira A P, Hancock R, Limeback H, et al. 2004. Is fluoride concentration in dentin and enamel a good indicator of dental fluorosis? [J]. Journal of Dental Research, 83 (1): 76.

Wang S J, Gao W Y, Liu H Y, et al. 2006. Studies on the Physico-chemical, morphological, thermal and crystalline properties of starches separated from different Dioscorea opposita cultivar [J]. Food Chemistry, 99: 38-44.

Wang Z, Yang Y, Wang G, et al. 2003. [Starch digestion and glycemic indexes]. [J].

Journal of Hygiene Research, 32 (6): 622.

Wen-Chi H, Jin-Shiou L. 1999. Dioscorin, the Major Tuber Storage Protein of Yam (Dioscorea batatas Decne) with Carbonic Anhdease and Trypsin Inhibitor Activities [J]. J. Agric. foodChem, 47: 2 168-2 172

Wepner B, Berghofer E, Miesenberger E, et al. 1999. Citrate Starch — Application as Resistant Starch in Different Food Systems [J]. Starch-Staerke (Germany), 51 (10): 354-361.

Wilson S R, Nelson A M, Batia L, et al. 2013. The ion channel TRPA1 is required for chronic itch. [J]. Journal of Neuroscience the Official Journal of the Society for Neuroscience, 33 (22): 9 283-9 294.

Winkel - Shirley B. 2001. Flavonoid biosynthesis: a colorful model for feneties, bioehemistry, cell biology and biotechnology [J]. Plant Physiol, 126: 485-93.

Xu G H, Ye X Q, Chen J C, et al. 2007. Effect of heat treatment on the phenolic compounds and antioxidant capacity of citrus peel extract [J]. Journal of Agricultural and Food chemistry, 55 (2): 330-335.

Yamada Y, Hosoya S, Nishimura S, et al. 2005. Effect of bread containing resistant starch on postprandial blood glucose levels in humans [J]. Bioscience Biotechnology & Biochemistry, 69 (3): 559-566.

Ye H, Wang K, Zhou C, et al. 2008. Purification, anti-tumor and antioxidant activities in vitro of polysaccharides from the brown seaweed Sargassum pallidum [J]. Food Chemistry, 111 (2), 428-432.

Yonekura L, Suzuki H. 2005. Effects of dietary zinc levels, phytic acid and resistant starch on zinc bioavailability in rats [J]. European Journal of Nutrition, 44 (6): 384-391.

Yonekura L, Tamura H, Suzuki H. 2003. Chitosan and resistant starch restore zinc bioavailability, suppressed by dietary phytate, through different mechanisms in marginally zinc-deficient rats [J]. Nutrition Research, 23 (7): 933-944.

Yu R, Wang L, Zhang H, et al. 2004. Isolation, purtification and identification of polysaccharides from cultured Cordyceps militaris [J]. Fitoterapia, 75 (7-8), 662-666.

Zeng M, Morris C F, Batey I L, et al. 1997. Sources of Variation for Starch Gelatinization, Pasting, and Gelation Properties in Wheat [J]. Cereal Chemistry, 74 (1): 63-71.

Zhangb Z Q, Pang X Q, Yang C, et al. 2004. Purification and structural analysis of anthocyanins from litchi pericarp [J]. Food Chemistry, 84 (4): 601-604.

Zhao D, Liu X, Wang H. 2005. Scavenging activity of Dioscorea opposita thumb to DPPH free radicals [R]. Natural Product Research & Development.

Zhao G, Kan J, Li Z, et al. 2005. Structural features and immunological activity of a polysaccharide from Dioscorea opposita Thunb roots. [J]. Carbohydrate Polymers, 61 (2): 125-131.